ちくま新書

「失敗の本質」と戦略思想

——孫子・クラウゼヴィッツで読み解く日本軍の敗因

西田陽一
Nishida Yoichi
杉之尾宜生
Sugino Yoshio

1457

「失敗の本質」と戦略思想
――孫子・クラウゼヴィッツで読み解く日本軍の敗因【目次】

第一章　政治・外交・経済と軍事の関係はどうあるべきか　021

第二章　ミッドウェー作戦　097

第三章 ガダルカナル作戦 133

第四章 **インパール作戦** 173

第五章 **マリアナ沖海戦** 191

第七章 沖縄戦と終戦経緯 263

はじめに

†ロングセラー『失敗の本質』

三十数年前、組織論・政治外交・軍事史など異分野の研究者たちの共同研究の成果が『失敗の本質――日本軍の組織論的研究』（ダイヤモンド社、一九八四年〔のち中公文庫、一九九一年〕）という本になった。野中郁次郎、寺本義也、戸部良一、鎌田伸一、村井友秀、杉之尾孝生による共著で、筆者（杉之尾）も執筆者の一人だったが、現在までロングセラーとなっている。

だがこの本も、出版までは困難に直面した。戦史研究に属する書物など、どこの出版社も相手にしてくれず、月日だけが過ぎていった。この共同研究を主導していた野中郁次郎氏の知己の縁で、ようやくごく限られた部数で刊行にこぎ着けたところ、軍事や組織論を専門としない分野の方々からも支持を受け広く読まれた。ビジネスパーソンなどにもマネジメントの視点から学ぶところ大との声までいただき、嬉しい限りである。

ただ他方で、この本は次のような批判にさらされた。その代表的な声を一つ要約すると、『失敗の本質』と銘打っておきながら、敗れるような戦争を始めた日本陸軍・海軍の失敗の大局的な視点からの言及が十分ではない」といったものであった。この本はサブタイトルで「日本軍の組織論的研究」としてあり、当然ながら、そうした視点への切り込みがあると期待されても仕方なかった。ただ、『失敗の本質』の冒頭では次の断り書きがしてあった。

もし読者がこのような戦争原因究明を本書に期待しているとすれば、読者はおそらく失望するであろう。というのは、本書は、日本がなぜ大東亜戦争に突入したかを問うものではないからである。もちろん、なぜ敗けるべき戦争に訴えたのかを問うことは、すでにいくつかのすぐれた研究があるとはいえ、今後も問い直されてしかるべきであろう。しかし、本書はあえてそれを問わない。

本書はむしろ、なぜ敗けたのかという問いの本来の意味にこだわり、開戦したあとの日本の「戦い方」「敗け方」を研究対象とする。いかに国力に大差ある敵との戦争であっても、あるいはいかに最初から完璧な勝利を望みえない戦争であっても、そこにはそれなりの戦い方があったはずである。しかし、大東亜戦争での日本は、どうひいき目に見ても、すぐれた戦い方をしたとはいえない。いくつかの作戦における戦略やその遂行過程でさまざまな誤り欠陥が露呈されたことは、すでに戦史の教えるところである。開戦という重大な失敗、つまり無謀な戦争への突入が敗戦を運命づけたとすれば、戦争の遂行の過程においても日本は各作戦で失敗を重ね、敗北を決定づけたといえよう。本書は、なぜ敗けたのかという問題意識を共有しながら、敗戦を運命づけた失敗の原因究明は他の研究に譲り、敗北を決定づけた各作戦での失敗、すなわち「戦い方」の失敗を扱おうとするものである……。

†組織論によるアプローチと新たな課題

先の批判を待つまでもなく、大東亜戦争を国家次元の戦略的な視点から考えなければならないという問題意識は、当時の著者たちには共通していた。ただ、それはあまりにも大きな問題であり、当時、適切な史料の集積も乏しく、著者たちの専門分野外の議論を行うのは難しくもあったので、続く考察は他のすぐれた学者たちの本格的な研究を待ち、著者たちの専門分野に研究対象を限定した。したがって陸軍では二、三個師団を集めた単位、たとえば、ガダルカナルの第一七軍、沖縄の第三二軍、海軍でいうと南雲《なぐも》艦隊、栗田艦隊といった軍隊での中間組織に限定した。

戦略についてはいわゆる大戦略や政治・軍事戦略を研究対象外とし、それより下位に当たる作戦戦略などの分野に限定した。そしておもに社会科学的方法論に基づき、組織論などを主としてアプローチした。

もちろん著者らとしても、発刊以来相当の年月を経たいまに至るまで、大東亜戦争を大局的な視点から迫りたいとの思いは持ち続けてきた。ただ、得てして陥りがちな検証可能性のない学問的裏付けを欠いた議論では意味がなく、組織論をベースに再度研究を試みても、ほぼ前回と同様の結論に至るのは見えていた。何か学術的な別の切り口から、そして組織論とは違った分析ツールをもって『失敗の本質』を改めて読み解くことを考えた結果、後述のとおり、米国がベトナム戦争の反省のため、同国防総省が分析に用いた先例を持つ軍事思想や戦略思想に関する古典で、かつ学術的な裏付けをもった古典を用いアプローチを決めた。

そして歴史の風雪に耐えて今日でも、軍事関係者以外のビジネスパーソンや経営者などにも幅広く読まれ続けている中国春秋時代に孫武《そんぶ》が著した『孫子』と、ナポレオン戦争の洗礼を受けたプロイセンの将軍カール・フォン・クラウゼヴィッツが著した『戦争論』の二つの軍事古典をもとにして『失敗の本質』に切り込むことにした。

同書で扱われていた「ノモンハン事件」「ミッドウェー作戦」「ガダルカナル作戦」「インパール作戦」「レイテ海戦」「沖縄戦」はもとより、当時論じなかった「大東亜戦争の開戦経緯」「マリアナ沖海戦」「終戦経緯」といった部分も新たに取り上げた。

これにより、日本陸軍・海軍の失敗をより大局的に見ることがある程度はできたと思っている。

†軍事古典を活用しベトナム戦争を反省した米国

『孫子』『戦争論』といった軍事古典を用いて、自国が行った過去の大がかりな戦争を検証するといった手法は何も著者のオリジナルではない。米国は一九七五年四月にベトナムから不名誉な撤退を強いられて、長きにわたったベトナム戦争による敗北症候群に陥った。米国防総省はこの敗北原因を分析・研究する手法・手段の一つとし、「軍事古典」である『孫子』『戦争論』を写し鏡の役割で採用した。米国の全土からそれらの研究者を結集し、同時に、陸・海・空・海兵隊四軍の大佐・中佐クラスの将校を糾合させて、地道な研究をさせたのである。

この成果は一九八六年の「国防報告」に反映されて、「ワインバーガードクトリン」として知られている。この研究で「軍事古典」分野を主導したのが、米国海軍戦略大学校で戦略学の教授を務めたマイケル・I・ハンデル教授(一九四二〜二〇〇一)であった。ハンデル教授が著した、長年の軍事古典分野における基礎研究の結晶ともいえる『米陸軍戦略大学校テキスト孫子とクラウゼヴィッツ』(日経ビジネス人文庫、二〇一七年)を著者ら(西田・杉之尾)は共同で翻訳した。

この本は戦争の様相が陸海空の領域にとどまらず、宇宙、サイバー空間まで広がるクロスドメインの時代においても、米陸軍戦略大学校で学び、未来の軍事組織を担う高級将校たちが軍事古典から智恵を学ぶ教材として使われている。それまで、『孫子』『戦争論』は東洋と西洋を代表する軍事古典としてわけて論じられることがほとんどで、両者を同時に取り上げて比較した場合でも、それぞれの相違点や矛盾点などが多く論じられた。だが、ハンデルは時代背景、地域特性、戦争様相といったものに過度に足をとられることなく適切に捨象し、それぞれのアプローチと視座の違いを整理したうえで、その共通点と相違点をわかりやすく提示して、その軍事思想と戦略思想のエッセンスを述べている。

†『孫子』『戦争論』で大東亜戦争の日本軍を読み解く

今回、本書ではこの『米陸軍戦略大学校テキスト　孫子とクラウゼヴィッツ』の内容を有効に活用しながら、同時に著者らが研究してきた『孫子』『戦争論』についての考え方も用いて論を展開している。なお、孫武とクラウゼヴィッツでは、その著述スタイルはそれぞれ異なる。前者は比較的簡潔で箴言的な主張や結論を、論証を省き受け入れることを要求する。一方で後者は彼が考察して打ち立てた主張や思想を、その成り立ちや理由を論理的に展開していく記述スタイルとなる。したがって、『孫子』はわりと読みやすく、『戦争論』は正直なところ読みにくいといった一般的傾向がある。

両者は戦争を論じていく過程において、それぞれが異なった枠組み、定義を用いている。たとえば、孫武が軍事戦略などのより高度なレベルの戦略視座を含めて戦争をしばしば俯瞰していくことに対して、クラウゼヴィッツは孫武よりも下位の作戦戦略レベル・戦術レベルに重点を置きながら論を展開していく。だが、こうした前提をある程度踏まえて読み進めていけば、両者の戦争に対する考え方には、多くの類似点、共通点があることがわかる（同時に相違点もある）。そして、互いに正反対の思想として扱うのではなく、補完しあいながら使えば、軍事思想、戦略思想といったものを大局的につかむことができる。

孫武とクラウゼヴィッツの類似点・共通点と相違点を簡潔に述べておくと、次のようになる。政治の優位性（主導）の原則、軍事行動上の軍人への作戦裁量権の付与の必要性、兵力数・戦力を優越させる重要性、そして、武力戦での迅速な勝利の追求などの考えについては類似している。一方で、インテリジェンス（情報）、欺瞞（騙し）、奇襲攻撃、戦場における予測不可能部分とその統制・コントロールなどについてはその評価は異なる。孫武は、主として、用心深さと慎重さを持ちつつ、合理的に考えて選択肢を絞りこむタイプの軍人を好み、クラウゼヴィッツは、一種のアートともいえる直観を有した軍事的天才を好んだなどの違いはある。

本書を執筆する大きな機会となったのは、二〇一九年の春に、明治大学リバティアカデミーで行われた社会人向けの公開講座で、「戦略古典・『孫子』とクラウゼヴィッツ『戦争論』の本質を読み解く――ロングセラー『失敗の本質』を手掛かりにしながら」である。軍事思想や戦略思想といった、残念ながら日本ではなじみの薄いが学術的側面の強い講義において、幸いにも受講者の協力もあり講義は盛況のうちに終わった。のみならず、『失敗の本質』という日本陸海軍の事例に則して分析することによって、軍事思想や戦略思想を、ただの訓詁学の材料にするのではなく、軍事に限らず広く日本的な問題に対して未来を切り拓く智恵として提供できるとの感触を得た。そこで、同講義で話したことをベースとして、大幅に加筆修正をしたのが本書である。

なお、本書を執筆するにあたって、著者としては、これからも先、武力戦という形での日本が戦争を遂行しないことを強く願ってやまないし、本書がわずかでもその一助になればこの上ない幸せである。ただ、人間の歴史を鑑みてそれが贅沢な望みだとすれば、そして、不幸にして万が一にも武力戦に巻き込まれることになってしまった場合、言葉の表現は難しいが、少しでも不幸を減らすべく戦争とは何かを知っておく必要がある。

本書を読み進めていただければご理解いただけるが、日本陸海軍は互いに戦略思想・用兵思想の違いを徹底的に議論して整理するのを等閑《なおざり》にした。その無理を埋めるために各種の言葉を都合よく使い作文し、希望に基づいて解釈した結果、大きな失敗に導かれた。このことを直視し、従前から、仮に戦争に至ったとしても適切な武力戦の形と終結の方法を考えることで避け得る悲劇もあったと考えている。失敗の原因は得てして、戦前の日本軍の組織的問題や、個々人の資質の問題とされがちである。だがなかには、合理的な精神をもち、失敗に至る問題を見抜いている個人もいれば、部分的には正しかった組織もあり、物事はそれほど単純ではない。

これを単純化して、一刀両断することは、現実から目を逸らした都合のよい自己正当化だけにおちいる危険を常に孕んでいる。自らも、そのような過ちを犯しかねない状況を冷静に見つめ、問題が生じた源泉について想像力を膨らませつつ、単なる希望や予想ではなく学問的裏付けをもって、現実から目を逸らさずに向きあう必要がある。

そのためにも、令和の新時代に改めて『孫子』『戦争論』を通じて『失敗の本質』を読み解き、そこから教訓を得ることができるのではないかと思っている。

第　一　章

政治・外交・経済と軍事の関係はどうあるべきか

ノモンハン事件でソ連軍との戦闘のため、モンゴル領内を進む日本軍兵士
（1939年7月、共同）

1　ノモンハン事件——政治と軍事の視点から

†『失敗の本質』のノモンハン事件のアナリシス

昭和一四年五月から九月にかけて、満州国とモンゴル人民共和国の国境線を巡って起きたノモンハン事件は、真珠湾攻撃以前に起きた戦いであった。その戦った相手も米国ではなくソ連軍であった点で、『失敗の本質』で扱われた他の戦史とは多少質を異にする。ただ、ノモンハン事件は後の真珠湾攻撃によって米国との戦端が開かれた以降に生じてくる政治と軍事の関係の本質的欠陥を懐胎していた。それは、大日本帝国憲法第一一条の独特の解釈「統帥権の独立」を盾にしながら、内閣の一切の関与を拒絶し、軍は軍の必要に応じて作戦を行い、戦闘を行うということであった。

『失敗の本質』では、その冒頭で、「作戦目的があいまいであり、中央と現地とのコミュニケーションが有効に機能しなかった。情報に関しても、その受容や解釈に独善性が見られ、戦闘では過度に精神主義が誇張された」と評価している。そして、終わりのアナリシスでは、「ノモンハン事件は、日本軍に近代戦の実態を余すところなく示したが、大兵力、大火力、大物量主義をとる敵に対して、日本軍はなすすべを知らず、敵情不明のまま用兵規模の測定を誤り、いたずらに後手に回って兵力逐次使用の誤りを繰り返した。情報機関の欠如と過度の精神主義により、敵を知らず、己を知らず、大敵を侮っていたのである。また統帥上も中央と現地の意思疎通が円滑を欠き、意見が対立すると、つねに積極策を主張する幕僚が向こう意気荒く慎重論を押し切り、上司もこれを許したことが失敗の大きな原因であった」と書いてある。

『失敗の本質』が発刊され相当の年月が過ぎ、当時に比べより多くの事件に関する史料・情報が発見開示されたが、先の見解はいまでも基本的には妥当性をもっている。再びこの事件を考えるに際し、フォーカスして取り上げたいのは、ソ連軍と衝突する以前の段階において関東軍(日本陸軍の総軍の一つで、満州事変以後、その司令部を満州国の首都であった新京においていた)が従来部隊運用についてどのような方針をもっていたかという点である。

日本軍は昭和六年(一九三一年)の満州事変後、満州国を成立させ支配し、直接国境をはさんでソ連・外モンゴル軍と対峙するなかで、国境紛争が昭和一〇年以来たびたび発生していた。ノモンハン事件以前の関東軍の方針では、国境警備は原則として満州国の軍隊と警察で実施することにしていた。しかしながら事態が国境警備のレベルを超えて、国境紛争に発展した場合、具体的な対処方針とその要領は定められておらず、兵力使用の可否とその限界はあいまいなままであった。

独走で作られた「満ソ国境紛争処理要綱」

この隙《すき》をねらって独走したのが当時、関東軍作戦課参謀の辻政信少佐であった。彼が起案した「満ソ国境紛争処理要綱」では、ソ連の野望を粉砕するために、まずその初動の段階で徹底的にこれを封殺破砕することが必要とした。国境線が不明確な地域では防衛司令官が自主的に国境線を認定して第一線部隊に明示し、ソ連軍が越境した場合、これを急襲して殲滅《せんめつ》するが、必要ならば一時的にソ連領に進入することも構わないとした。第一線部隊は、事態全体の収拾処理は上級司令部に任せて、その兵力の多少にかかわらず必勝を期待された。

辻がこのような思考をした根底には、当面の関東軍が劣勢であるから、ソ連軍が越境してくるならば即座に攻撃を加えて、その出鼻をくじくことが紛争拡大を防ぐ上で最も重要という認識があった。

この「満ソ国境紛争処理要綱」は、関東軍司令官の植田謙吉大将により承認決裁され正式な方針となった。関東軍は、このとき、参謀総長（参謀本部）に報告したが、中央統帥部は何の意思表示もせず、関東軍としてはこの方針を容認されたものとした。

『孫子』の武力行使三要件

さて、『孫子』は軍事行動とその延長にある武力戦に訴える大原則として、次のように述べる。

「利に非《あら》ざれば動かず、得るに非ざれば用いず、危うきに非ざれば戦わず」（火攻篇）

〔訳＝国家目的の達成に寄与しない武力行使は、行ってはならない。目的実現の可能性のない武力行使は行ってはならない。他に対応の手段方法がない危急存亡のときでなければ、武力行使をおこなってはならない〕

「主は怒りを以《もっ》て師《し》を興《おこ》すべからず。将は慍《いきどお》りを以て戦いを致すべからず。利に合して動き、利に合せずして止まる。怒りは以て復《ま》た喜ぶべく、慍りは以て復た悦《よろこ》ぶべきも、亡国は以て復た存すべからず。死者は以て復た生くべからず」（火攻篇）

〔訳＝政治指導者は一時の激情に駆られて武力戦を起こしてはならない。軍事指導者は怨念の情に駆られて武力を行使してはならない。戦争目的の達成に寄与する武力行使は許容され、寄与しない武力行使は行われない。なぜなら、怒りのあとで平静に復することも、不満の心（怨念）を充ち足りた心に戻すことも可能であるが、一度亡んだ国が再興することや、死者が生き返えらせることは不可能だからである〕

「故に明君は之《これ》を慎《つつし》み、良将は之を警《いまし》む。此《こ》れ、国を安んじ軍を全《まっと》うするの道なり」(火攻篇)

(訳=したがって賢明な政治指導者は慎重であり、賢良なる軍事指導者は軽挙妄動しないのである。このような指導者が存在すれば、国家は安泰であり、最後の砦である国軍の健全性は確保されるであろう)

『孫子』は、気まぐれや独善的な目的で軍事行動をおこし、武力戦をすることを戒め、同時に国家の国益を守り、安全保障にかなうものであれば選択肢として認めたのである。

加えて、『孫子』は、武力戦を目的と手段の関係が明らかになっている最終的な手段であり、合理的認識のもとに起こされる行動としている。現代でいうならば、武力戦が政治的行為の一つと理解されているのと基本的には同じ理屈である。したがって軍事行動の可否や開戦意志の決定は、軍人によってではなく、政治の決断によって行われなければならないとした。

†『戦争論』の軍事行動の理由

クラウゼヴィッツも『孫子』と同様に政治が軍事に対して優位にあることを主張し、あくまでも政治的目的にかなう限りにおいて、軍事行動や武力戦を合理的な手段として認めた。『戦争論』の次の言葉はそれを示している。

「共同体の戦争、すなわち全国民の、特に文明国民の戦争は、常に政治的事情から発生し、政治的動機によってのみ引き起こされる。したがって、戦争は、一つの政治的行為である。……政治は、軍事行動の全般を律し、軍事行動における爆発的な力の性質が許す限り、軍事行動に間断なく影響を及ぼすであろう。……したがって、これまで見たように、戦争は、政治的行為であるばかりでなく、本来政策のための手段であり、政治的交渉の継続であり、他の手段をもってする政治的交渉の遂行である……政治的意図が目的であり、戦争はその手段にすぎないからである。そして、目的なしに手段を考えることは決してできない」（『戦争論レクラム版』四三〜四四頁、傍点原文）

ただしクラウゼヴィッツの見解では、軍事行動の現実や作戦戦闘上の必要性から、状況によって政治よりも軍事が優位に立つことがあるとする。

「政治的目的は、だからといって専制的な立法者ではなく、手段の性質によく適合しなければならない。また、戦争という手段の性質によって、政治的目的がしばしばまったく変質することもある。……戦争術は一般に、また将軍は、政治の方向と意図がこれらの手段と矛盾しないように、個々の場合にそれぞれ要求することができる。そして、この要求は確かにささいなことではない。しかし、この要求が個々にいかに強く政治的意図に反映されたとしても、これは常に政治的意図の単なる修正として考慮されるだけである」(『戦争論レクラム版』四四頁)

†現場判断で始まった第一次ノモンハン事件

ここでノモンハン事件の概要について簡単に触れておきたい。この事件は大本営陸軍部のまとめた「ノモンハン事件経過概要」によると「第一次ノモンハン事件」「第二次ノモンハン事件」にわけられる。「第一次ノモンハン事件」は、昭和一四年五月一一日ハルハ河東岸の国境線を巡り係争が続く場所での、約二〇〜六〇名程度の外モンゴル軍と満州国軍との衝突に始まる。この地域の防衛警備を担当していた関東軍第二三師団長の小松原道太郎中将は報告を受け「満ソ国境紛争処理要綱」に基づき、即座に外モンゴル軍を撃破することを決めた。歩兵第六四連隊第一大隊に出動を命じて、このことを関東軍司令部に報告した。

植田関東軍司令官はそれを認め、東京の参謀本部に報告すると、参謀次長の名で関東軍の適

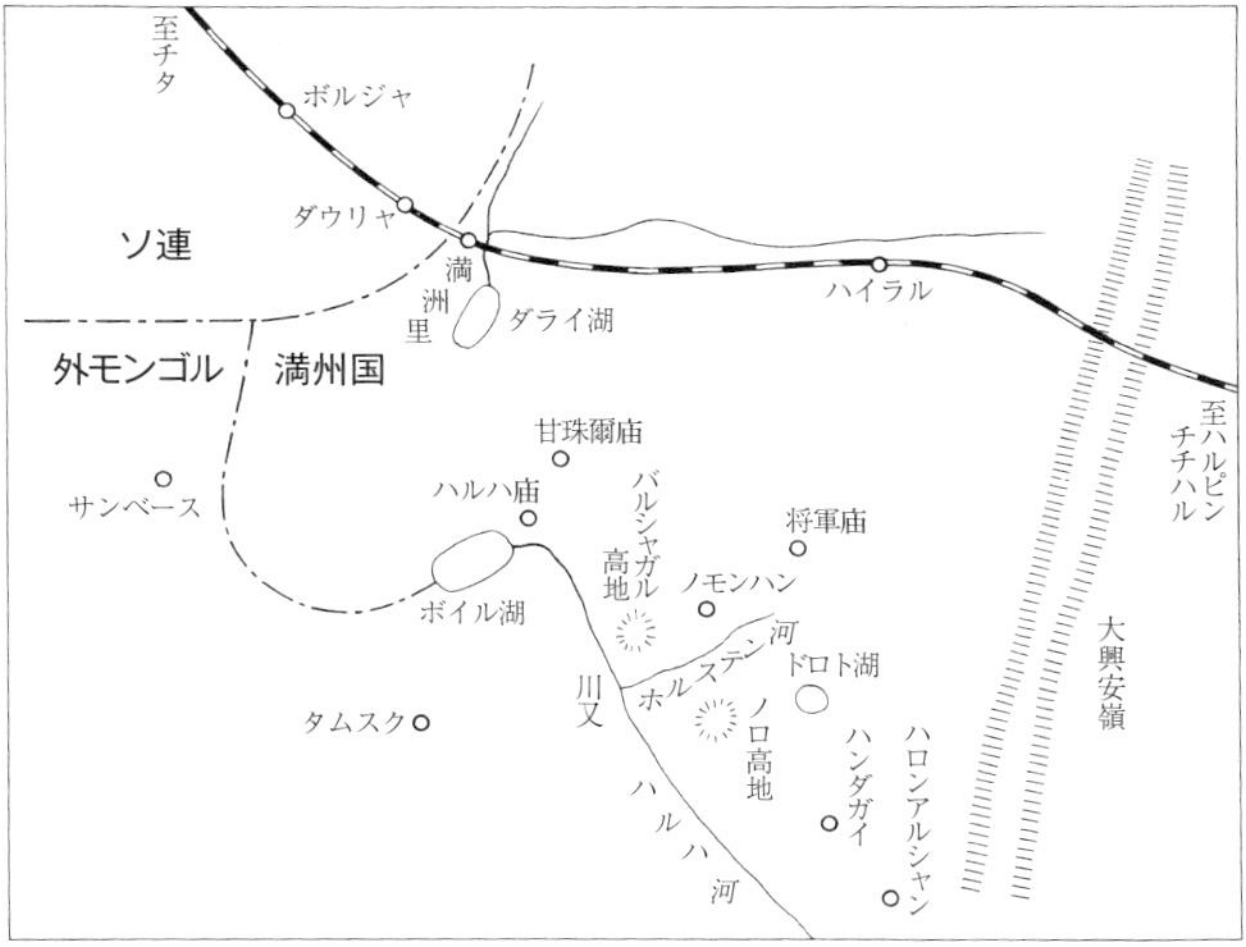

図１　ホロンバイル地方図（『失敗の本質』中公文庫より）

切な処置を期待するという返電があった。五月一三日から一五日にかけて第二三師団はハルハ河の外モンゴル軍を撃破して帰還したが、その後、再び、ソ連・外モンゴル軍が越境した。小松原はもう一度攻撃するために部隊を動かすことに決め、関東軍は再考を促したが、小松原は出動命令を下達した以上、中止することは「統帥上不可能」という理窟でその支持を求めた。

　植田はこの主張を認め、参謀本部に報告を上げると、五月二四日に適切な処置をとることを要望する趣旨の返電がきたのみであった。五月二七日に、第二三師団の山県支隊（歩兵第六四連隊基幹）はハルハ河に向かって進撃するも、ソ連軍の圧倒的な火力の前に支隊主力は動くことができず、甚大な被害を受けた。この状況をみて、小松原は五月三一日に部隊に撤収命令を出した。ここまでが「第一次ノモンハン事件」とされる。

†包囲下で終わった第二次ノモンハン事件

山県支隊が撤収すると、ハルハ河の両岸にかけてソ連と外モンゴル軍の陣地構築が徐々に強められ、その戦力も増強された。小松原は、国境線を防衛する責任からただちに攻撃をするべきと主張した。関東軍では静観を主張する者もあったが、辻政信は初動において痛撃を加えるのが最良の案であり、これを実行することで関東軍の伝統である不言実行の決意を示せるとして、他の参謀たちを巻き込んで作戦計画の起案作業に入った。

その方針は、越境してきたソ連・外モンゴル軍の殲滅を目指し、動員する戦力も、第七師団を主体とする歩兵九個大隊、火砲七六門、戦車二個連隊、高射砲一個連隊、工兵三個中隊、自動車四〇〇両、飛行機一八〇機程度となった。後にこれが植田司令官の意見もあって、再び第二三師団が攻撃の主力部隊となり、歩兵四個大隊、火砲約二〇門、工兵二個中隊が増強された。

当時、関東軍の拠点ハイラルからハルハ河までの距離は二〇〇キロ程度であった。一方、ハルハ河からソ連軍の後方基地ボルジャまでは約七五〇キロ程度離れており、その動員能力は限られ、ソ連が現状で大部隊を動員するのは不可能であるとし、関東軍はこのくらいの規模で十分だと考えた。しかし実際には、ソ連軍は日本の見積もりをはるかに上回る戦力を動員し、ソ連内陸部から前線に送られたのは狙撃二個師団、空挺一個旅団、戦車一個旅団、装甲車二個旅団、狙撃一個連隊、砲兵二個連隊、通信二個大隊、架橋一個大隊、給水工兵一個中隊に及んだ〈関東軍作戦課の見積もりでは、ソ連は、狙撃一個師団〔約九個大隊〕、火砲二〇〜三〇門、戦車二個旅団〔一五〇〜二〇〇両〕くらいと見ていた〉。

五月末、東京の参謀本部作戦課は、大本営としての基本構想をまとめた。そこでは、関東軍はソ連軍を撃破した後、速やかに部隊を撤収させ、また、航空部隊の越境攻撃は制限をするとしたが、それは腹案のまま示されることがなかった。

一方の関東軍の作戦計画では、参謀本部に対して第二三師団を主力とするという大まかな使用兵力を伝える以外は、特に調整せずに準備が進められていった。

こうした動きに対して陸軍省軍事課長岩畔《いわくろ》豪雄《ひでお》大佐は「事態が拡大した際、その収拾のために確固たる成算も実力もないのに、たいして意味のない紛争に大兵力を投じ、貴重な犠牲を生ぜしめるごとき用兵には同意しがたい」と強く反対した。だが、参謀本部第二部〈作戦〉課長の稲田正純大佐は、「国境紛争は段々と拡大しており、敵は今後何をやり出すかわからぬから、その出鼻をくじくのも一案である。また北辺のことは関東軍に任せてあり、万一の場合、大興安嶺以西を放棄し、第二三師団を失うことを覚悟しなければならぬかもしれぬが、一個師団くらいの使用は関東軍に任せても良いではないか」とした。最後には、陸軍大臣の板垣征四郎中将の「一個師団位いちいちやかましくいわないで、現地に任せたらいいではないか」との一言で関東軍の行動は認められたとされる。

†関東軍の「独断専行」と参謀本部の「自発的中止」要望

関東軍と参謀本部の間で大まかな兵力の使用範囲だけは了解するも、どのような作戦を行うかについては、関東軍が独断で決めていった。参謀本部は正式な意思表示をしていなかったが、航空機による越境攻撃には強く反対しているのは関東軍もまた知っていたのでそれを隠して進めようとした。だが、その計画が途中で露見して、参謀本部は自発的中止と連絡将校を派遣する旨を参謀次長が関東軍参謀長に発した。これに対して、関東軍は自発的中止の要請は、大本営の明確な命令でないと無視し、越境航空爆撃作戦の実行を決めた。そして、六月二七日第二飛行集団がハイラルの飛行場から進発し、タムスタ、サンベースなどの敵航空基地を急襲した。

これに対して参謀本部の稲田作戦課長は、自発的中止を求めたのは関東軍の地位を尊重したがゆえであったが、越境攻撃は信頼を失わせるものとして関東軍を非難した。これに対して辻は逆に、稲田の物言いは第一線の感情を踏みにじるものとして非難の言葉を後に残している。作戦終了後、参謀次長が関東軍参謀長に対して、事前に連絡がないままにこの作戦を実行したことを詰問する電報を発したが、関東軍はこの程度のことは関東軍にまかせておけばよいという主旨の返電をしている。

当時の大本営作戦課参謀は次のメモを残している。「関東軍ヨリノ電報ハ怪シカラヌモノバカリ、関東軍ト中央部トヲ全然同等ノ相手ト考ヱ統帥ノ大義ヲ考ヱザル点全ク幕僚トシテノ資格ナシ」。六月二九日に大本営は、これ以上の紛争拡大を防ぐために関東軍の任務と行動を制限する命令を下達した。その内容は、国境紛争の対応は局地に限定し、状況が許さなければ実施しなくてよいと命じるもので、地上戦の範囲もボイル湖以東とし、敵の根拠地への飛行機を使用した攻撃は行わないものとした。これにより、ハルハ河東岸のソ連・外モンゴル軍を攻撃しなくてもよいことになったが、関東軍は越境してきたものを撃破する方針にこだわった。

これによって六月下旬以降、戦闘が本格化してゆく。関東軍は第二三師団主力をもってハルハ河西岸に進出し、そこに陣地を展開している部隊を撃破し、その後、東岸の部隊を背後から攻撃する計画を考えた。その遂行を試みるが、『失敗の本質』で細部まで述べられているように、ソ連軍の圧倒的な物量と火力を前にして作戦は失敗に終わり、第二三師団など主力はその戦力のほとんどを失い、戦死は七六九六名、戦傷八六四七名、生死不明一〇二一名、の計一万七三六四名に達した（ソ連・外モンゴル軍も戦死・戦傷合わせて一万八五〇〇名を失った）。

この作戦自体は九月三日に正式な大本営の「攻勢中止」の命令で終わりを迎えたが、八月末にはすでに日本側の部隊はそのほとんどが分断され、包囲されて組織的に戦闘を継続することが難しくなっていた。だが、その「攻勢中止」の命令が下る直前まで、「統帥の原則として作戦運用はできるだけ関東軍にまかせるべき」という自発的中止を暗に期待する参謀本部と、面子と感情論が先立つ関東軍の間であいまいなやりとりを続けたのである。なおこの流れのなかに、政治の存在はなきに等しかった。

†辻政信を作り出したマニュアル『統帥綱領』

孫武、クラウゼヴィッツの思想からいえば、辻が独善的に国家間の武力戦に発展し得る「満ソ国境紛争処理要綱」を起案して、中央の軍事的指導者である参謀総長が政治とロクに調整もせず黙認するのはおかしいことになる。だが、それが普通にまかり通ったのが当時の日本であった。昭和一二年(一九三七年)に始まった支那事変がすでに三年目を迎えており、実質的に戦争状態である以上、満州国の国境問題とそれにかかわる軍事行動は極力抑制するべきであったが、辻などは「統帥権」の範疇としたのである。この「統帥権」は帝国憲法第一一条の「天皇は陸海軍を統帥す」というわずか一〇文字の意味内容をいつしか、政府から干渉なく軍自体が独断で作戦を遂行し得るとの解釈に拡大しており、軍はそれを当然としていた。したがって、いまでこそ悪評が高い辻にしても、おそらく、軍が軍の責任において軍事行動の範囲を決めることを当たり前と考えたのだろう。

そもそも、政治が軍事行動の枠を決め、政治的目的を達成するために軍事力が存在し、武力戦という選択肢はその目的を達成するためにあるとの発想が辻に限らず、当時の軍人たちには程度の差こそあれほとんどなかった。したがってこの事件で「主役」を果たした、辻個人を批判すればことが終わるわけではなく、共通原因の一つは、日本軍の政治と軍事の関係や、「戦略」「作戦」についての考えの大元になった軍事マニュアル『統帥綱領』に求められる。

『統帥綱領』とは、高級指揮官を対象にして「方面軍」「軍」といった軍隊のなかでも上級単位の統帥（マネジメントや運用）についての考え方を示したものであった。軍事機密に指定され、特定の将校にのみその閲覧を許し、その権威は絶大なものがあった。『統帥綱領』には、日清戦争以降の日本が快勝したときの戦訓なども多く取り入れられていた。その代表的な考え方は敵方の形勢と関係なく、味方が主動で攻勢に努めれば、敵方は浮足立ち、味方は有利な形勢を摑《つか》むことできるといった攻勢主義に立つものである（攻勢の価値を信じるあまり、情報などは適当なところでよいともなる）。終戦時にすべて焼却されたことになっているが、後に残っていた資料などから復元されており、今日読むことが可能となっている。

†統帥の要点は「軍事独立」と「政略無視」

この『統帥綱領』の冒頭の第一「統帥の要義」には次のように書かれている。

「統帥の要義」
「一　現代の戦争は、ややもすれば、国力の全幅の傾倒して、なおかつ勝敗を決し能《あた》わざるにいたる。故に、我が国はその国情に鑑み、努めて初動の威力を強大にし、速やかに戦争の目的を貫徹すること特に緊要なり。政戦両略の指導はことごとくこの趣旨に合致せざるべからず」
「二　政略指導の主とするところは、戦争全般の遂行を容易ならしむるにあり。故に、作戦はこれと緊密なる協調を保ち、殊に赫々たる戦勝により、政略の指導に威力ある支とうを得しむること肝要なり。然れども、作戦は元来戦争遂行のため最も重要なる手段たるをもって、政略上の利便に随従することなきはもちろん、その実施に当たりては、全然独立し、拘束されることなきを要す」

要は、軍事行動が「主」であり、政戦両略、政略指導といったなかに当然含まれる政治的目

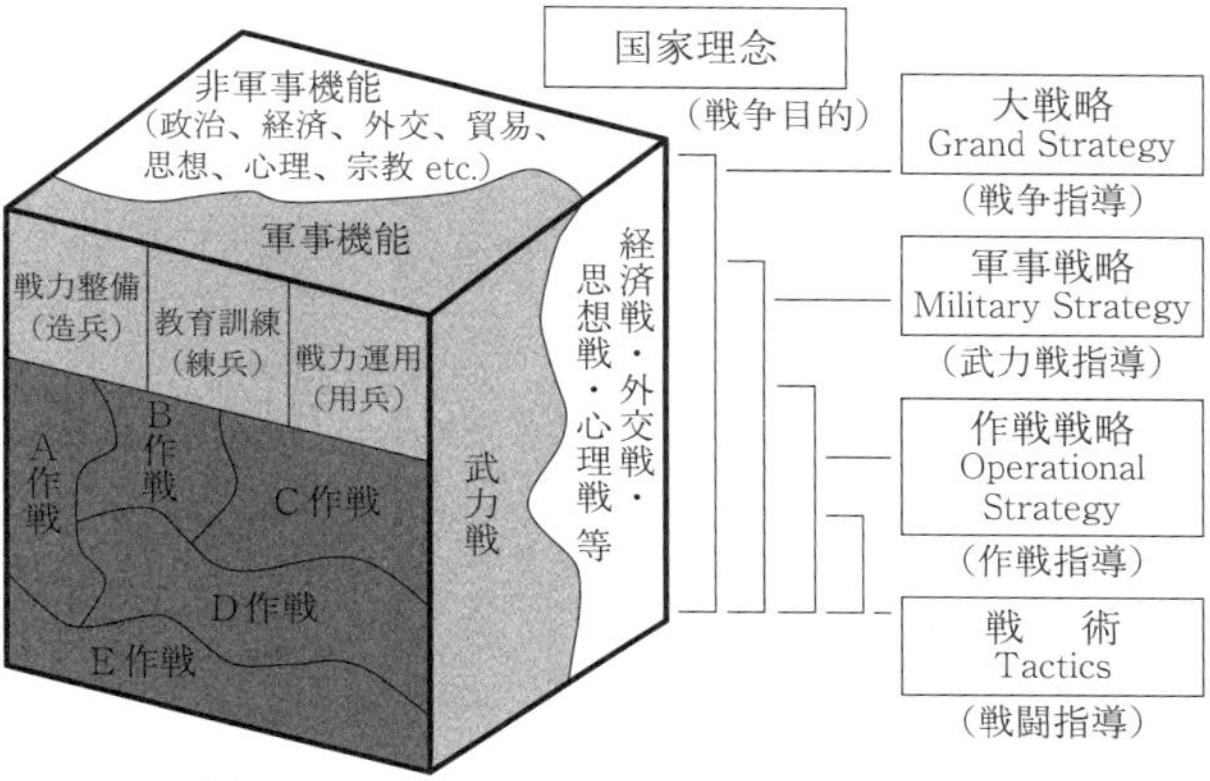

「戦略とは、特定目的（目標）を達成するための、
手段と方法に関する（理論と）特殊個別的な術（Art）である」

図２　戦争（平和）の基本構造と戦略・戦術との相関概念図

的は「従」となる。読み方によっては、政治的目的などから完全に独立して軍事作戦を行ってもよいとなる。これは孫武、クラウゼヴィッツの主張とは正反対といってもよい。軍事行動はその独自の論理で動いてよいとする文脈は現代の常識では異常とも思えるが、『孫子』『戦争論』からみてもやはり異常なのである。陸軍の高級指揮官はこれを至極大切にし、陸軍士官学校第四四期の俊才といわれ、戦後は実業家として活躍した瀬島龍三などもまた例外ではなかった。

『統帥綱領』というマニュアルを至上の価値として教育すれば、辻のようなタイプの幕僚将校が育成され、軍の必要に応じて方針を決めて、作戦を行うのが常識となっても不思議ではない。なお、マニュアルというものが持つ性質は、そのカバーする範囲を一定に限り、読み進めれば特定の物事の考え方、その手続き方法などを無理なく理解させてくれるというものである。その意味でいえば、『統帥綱領』自体は叙述スタイルなど軍事独特の硬さがあるが、間違いなくマニュアルであった。『孫子』『戦争論』は軍事を単体で捉えるのではなく、政治・外交・経済といった領域を視野にいれて、それらとの関係で軍事を考え、戦略を論じている。扱う領域や概念が広範多岐にわたり、多少なりとも哲学的な要素も含むことで、読み手に深く思考させる。その点『孫子』『戦争論』は単純なマニュアルとは異なる。特に『孫子』についていえば、そのカバーする範囲は国家理念・大戦略・軍事戦略・作戦戦略・戦術にまで及ぶ。

†「戦略・戦術」の範囲を武力戦に限定した日本軍

さて、日本陸軍は戦略・戦術などの定義づけをどうしていたか。まず日本陸軍が戦略といっている単語は、今日のスタンダードで考えるとそれは「作戦戦略」レベルのものである。「戦略」「戦術」という言葉自体がもともと外来語であり、それが初めて日本語に翻訳されたのは幕末であった。日本陸軍は「戦略」を会戦・作戦レベルでの用語、武力戦のなかに限定する言葉として定義した。つまり戦略とは軍事行動の範疇を出ないものとなる。

一方で「戦術」はその下位概念に当たるもので、軍隊のさらに具体的な運用方法についての用語とした。そして、『統帥綱領』にあるように、政略・政治的目的自体を状況に応じては捨象してもよいとなれば、極論すれば、軍人は軍事のことだけを考えておけば十分となる。

ノモンハン事件は、こうした理屈を懐胎し、同時にそれが常識だと信じていた者たちによって引き起こされた。なお、陸軍のなかでもエリートを育成する役割を担い、その最高学府だった陸軍大学校では、出身者によると『孫子』『戦争論』についての講義などほとんどなかったとされる。『孫子』『戦争論』が説く軍事の上に立つべき主としての政治・政治的目的を考慮せずに、本来は従であるはずの軍事を独立したものとする独善性は、後の米国との戦争においても遺憾なく発揮されることになった。

2 大東亜戦争開戦経緯――外交と軍事の視点から

†『孫子』重視の外交戦

『統帥綱領』が基本的に軍事的領域に限られるのに対して、『孫子』『戦争論』は、外交という領域を踏まえて戦争・武力戦を論じているのも特徴である。ここでは『孫子』『戦争論』の外交に対する考え方を述べつつ、日本陸海軍が大東亜戦争において外交と軍事の関係をどのように考えていたかをみておきたい。『孫子』は外交を、政治的目的（目的）を達成するための手段の一つとして重要視している。武力戦に伴う流血や戦闘を生起させずに、外交によって政治的目的を達成することで、勝利をもぎ取るのが理想的な戦い方であるとする。

第一に諜報工作・情報活動を絡めて外交的交渉による政治的妥協を狙い、状況によっては、敵国の同盟国を離脱させるべく仕向けることで、敵国への軍事を含む外交支援を断たせて可能な限り孤立させる。こうした積み重ねをすることで、外交交渉による妥協が成立しなかったとしても、武力戦のために自らに有利な戦略的環境を整えるのが可能としている。この考え方を最も端的に表しているのが次の一文である。

「故《ゆえ》に、上兵《じょうへい》は謀《はかりごと》を伐《う》つ。其《そ》の次は交《まじわり》を伐《う》つ。其《そ》の次は兵を伐《う》つ。其《そ》の下は城を攻む」

（謀攻篇）

〔訳＝すなわち、戦争指導において最善の方略は、潜在的な脅威対象国の我に対する侵攻企図・政戦略を事前に無力化させることである。その次の方策は、潜在的な脅威対象国の同盟関係を分断し、彼を孤立化させることである。これらが不可能な場合は、武力をもって敵の軍事力を撃破しなければならない。最悪の方策は、敵の城塞都市を攻撃することである。〕

この一文をシンプルに読めば、まずは、謀略をつかい表沙汰にならないように目的の達成を目指し、問題があかるみに出れば外交でカタをつけ、それでもだめならば武力戦を行うといった順序で展開されている。だが単線的で一方通行の読み方は慎まねばならない。『孫子』は、武力戦でのみ政治的目的を達成することの難しさを論じている。そして、武力戦が行われている最中でも外交といったものに重点を置くのを忘れず、それを駆使して速やかに武力戦を終わらせることも全般に散りばめながら説いている。『孫子』は外交と武力戦は常時それがコインの表と裏のごとく不即不離の関係にあるとする。

†『戦争論』外交破綻からスタート

一方で『戦争論』は外交にふれられる文字分量が少なく、『孫子』よりも外交にさほど重きをおき展開していない。孫武が戦争について論じる範囲は、クラウゼヴィッツよりも広きにわたる。

クラウゼヴィッツは外交が破綻してからの武力戦をいかに実行していくかに重きを置いて研究を進めている。したがって武力戦の開始から終結までのプロセスの間、外交がどのように役割と機能を果たしていくかについてあまり言及はしていない。

だからといって、クラウゼヴィッツが『戦争論』において、政治・外交の価値や意義を過小評価していたと単純に考えるべきではない。クラウゼヴィッツ自身は、政治的目的のために外交を含む他の手段を尽くしてもなおそれが達成できない場合に、武力戦という当然ながら流血が伴う選択肢を提起している。

「戦争は、流血をもって解決しなければならないほどの重大な利害関係の衝突であり、戦争がその他の利害の衝突と異なるのはまさにここにある」(『レクラム版』一三九頁)

「したがって、戦争は、政治的交渉から決して切り離すことはできない。もしも、われわれの考察においてこのような分離が起これば、諸関係を結びつけている糸は断ち切られ、そこには意味も、目的もないもののしか存在しない」(『レクラム版』三三八頁)

「要するに、戦争術は、その最高の立場では政治となる。しかし、この政治においては、外交上の文書の代わりに、戦闘が用いられる」(『レクラム版』三四二頁)

そして、クラウゼヴィッツもまた、政治・外交は戦争・武力戦とは常に不即不離の関係にあり、重要な役割と機能を担うものと述べている。

「これによって主張せんとしたことは、この政治的関係は戦争そのものによって中断したり、まったく別のものになったりしないということ、むしろ、その用いる手段こそ違え、政治的関係は本質的に不変であるということ……そもそも、外交的文書が途絶えたからといって、その都度、諸国民諸政府の政治的関係も途絶えてしまうものであろうか」(『戦争論』下巻、五二二頁、中公文庫)

さて、日本陸海軍は、大東亜戦争開戦に至るまでの間、外交と武力戦の関係をどのように見ていたのだろうか。

『失敗の本質』二章は「戦略・組織における日本軍の失敗の分析」をテーマにしている。そのなかで、「主観的で「帰納的」な戦略策定——空気の支配」といった見出しが出てくる。そこでは、「戦略策定の方法論をやや単純化していえば」という断り書きの上で、「日本軍の戦略策定は一定の原理や論理に基づくというよりは、多分に情緒や空気が支配する傾向がなきにしもあらずであったと」している。そして、作戦思想の修正が必要でも、「日本軍のエリートには、概念の創造とその操作化ができた者はほとんどいなかった」とある。だが、これは軍事に限ったものではなく、外交と軍事の関係についても、開戦に至るまでの一年あまりの経緯を見てい

く と同様の問題が浮かび上がってくる。

†「開戦経緯」関係者座談会

大東亜戦争に至る流れを段階として分けると、次のようになる。第一段階は、明治維新から大陸へと発展政策を打ち出していく段階。第二段階は、満州事変の段階、第三段階は満州事変から支那事変へ移行していく段階。第四段階は支那事変から大東亜戦争へシフトしていく段階。こうした四つに区分できる。そして、日本はこの第二段階の満州事変でもって大陸への発展政策をストップしておくべきだったと割合よくいわれる。

ここでは書くことのできる分量に制約があるので、陸海軍が大東亜戦争開戦に至るなかで外交と軍事・武力戦の関係をどのように考えていたかをみるために昭和一五年につくられた「時局処理要綱」にフォーカスして流れを見ていく。なお、ここでは、大東亜戦争が終わり四〇年が経過して、戦時中、参謀本部や陸軍省に勤務した中枢幕僚群であった者たちが「開戦経緯」を研究した座談会の速記録「大東亜戦争の開戦の経緯」(昭和六〇年航空自衛隊幹部学校)を参考にしながら、日本軍の外交に対する平均的な意識を探る。

昭和一四年九月一日に第二次世界大戦が始まり、ポーランドは短期間でその全土が席捲されて降伏を余儀なくされた。その翌年、昭和一五年五月一〇日に独軍がフランスに進撃を開始して、約四〇日後にフランスも降伏をした。この流れでいけば次は英国も独軍によって上陸されて降伏を迫られる日も遠くないと日本の一部軍人たちは騒ぎ出した。このような情勢において、当時英国の日本大使館付武官であった辰巳《たつみ》栄一（陸士二七期）は、今里隆次大佐（陸士三一期）、井戸田勇大佐（陸士三五期）に命じて、独軍が英国に上陸してくるかどうかの研究を急いで行わせた。

†欧州正面の独軍の快進撃に幻惑

最初のひと月くらいは独軍の快進撃を目の当たりにし、独軍が一個師団程度で上陸してきても英国は参るのではないかと考えていた。しかし、徐々に英国が立ち直り始めていくと一〇個師団程度は必要だとし、数カ月しても独軍が上陸しない状況をみて、独軍の上陸は難しいとの結論に至った。今里、井戸田の両名は一五年秋ごろになると日本へと帰国することになるが、独の快進撃に惑わされ、それを頼んで英米と戦争するという発想を中央の軍人たちに持たせてはならないと辰巳から言い含められた。だが、日本に戻ると世論はもとより、統帥部なども枢軸国に強く期待する空気が醸し出されていた。国内事情としては、陸軍は軍部大臣現役武官制を使い米内内閣を倒閣し、七月一七日に第二次近衛内閣が発足していた。

七月二七日には「世界情勢の推移に伴ふ時局処理要綱」（以下「時局処理要綱」）といったもの

が、大本営政府連絡会議で決定された。内容は次のようなものであった。独・伊との「政治的結束強化」し、「対ソ国交の飛躍的に調整」を目指す。北部フランス領インドシナ（仏印）に進駐して援蔣《えんしょう》ルート遮断を強化し、北ベトナムにビルマルート爆撃を可能にするための拠点基地をつくる。対オランダ領インドネシア（蘭印）については外交的圧力を強化し原石油などを確保する。

そして特筆すべきは、「時局処理要綱」第三条四項に「武力行使に当りては戦争対手を極力英国のみに局限するに努む。但し此の場合に於ても、対米開戦は之を避け得ざることとなるべきを以て、之が準備に遺憾なきを期す」とされたことである。これが根拠となって海軍は同年一一月に「出師準備第一着手」を発動し、対米戦争の可能性を視野に入れた全力動員の作業に入ったのである。

†都合のよい「時局処理要綱」

この一文の要は、南方への武力行使に際しては、英米はわけて考えることを原則としつつ、同時にそれがもし不可能ならば米国との武力戦も考えるという内容である。英米を分けて考える一応の理屈は、独が英本土上陸を実施した場合、米国は英海軍に代わって一部太平洋をおさえる肩代わりをする可能性は残るというものだが、それ以上に大西洋や欧州を重視する。

そして、独が英本土に上陸するのを阻むには、海軍動員が求められ、日本の相手をしている余力はなくなる。英国もまた本土が上陸される圧力にさらされては、マレー半島やシンガポールなども放置を余儀なくされる。こう事態が進めば、米国は大西洋と欧州、英本土へその重心を移し、アジア、極東への関心は持っていることはできないというものだった。

当時、この起案に関わった者たちは、この米国との武力戦準備について、当初はあくまで「枕詞」に過ぎなかったとしている(少なくとも戦争決意をしていたわけではないという)。基本的な認識としては、米国との戦争は避けたいし、避けねばならないというものであった。

この「時局処理要綱」は、七月二七日の大本営で決定されるに先立って、六月二〇日参謀本部が起案を始め、七月四日から海軍側との調整が開始され、七月九日には陸海軍が合意に達している。それまでは陸海軍の合意に至るのに半年以上かかる事案が多くあったのを考えれば、この合意は電撃的であった。これには当初の独軍の進撃速度に目を奪われ、英国が間もなく独軍によって上陸されるとの希望的観測につつまれたのが大きく影響している。しかしながら、陸軍と海軍が英米を分ける、英米可分を前提として合意した「時局処理要綱」の決定から日を置かずして、やはり英米は分けられないという英米不可分の論が強くなる。

それに拍車をかけたのが、一五年一二月の山本五十六・連合艦隊司令長官の意見であった。海軍は一一月二六日から二八日までの間図上演習(図演)を実施して、その結論を軍令部総長の伏見宮に報告した。そのなかでは、「蘭印作戦に着手すれば、早期対米開戦必至となり、英は追随し、結局、蘭印作戦の半途にして対米英、数国作戦に発展するの算、極めて大なる故に、少なくとも、その覚悟と十分なる戦備とをもってするにあらざれば、南方作戦に着手するべからず」とした。つまりは南方に武力発動をすれば英米不可分などは成立しないというものであった。また、この意見具申にはさらに追記があった。「右の如き情勢を覚悟して、なお開戦の已《や》むなしとすれば、むしろ最初より対米作戦を決意し比島（フィリピン）攻略を先にし、もって作戦線の短縮、作戦実施の確実を、計るに如かず」とあった。

なお、この意見具申の頃には、山本五十六はすでに真珠湾攻撃のアイデアを胸に温めていたという。この意見具申により、「時局処理要綱」の英米可分のもとの南方への武力行使といった考え方は一度下火になったが、一度動き出した「出師準備第一着手」という海軍全力動員に向けた作業は止まなかった。

†政治協定から軍事同盟になった三国同盟

「時局処理要綱」でうたわれていた独伊との「政治的結束強化」は、加速度的に九月二七日には今日悪名高き「日独伊三国同盟」の締結となる。この同盟のイニシアチブをとったのは外務大臣松岡洋右《ようすけ》だった。松岡の構想としては、一向に出口の見えない支那事変を解決に導くために、日独伊とさらにソ連をも加えた四国同盟とし、その推進力でもって米国との外交交渉を有利に運ぶことを目指すものであった。

だが、結果としては、対英国を意識した「政治協定」を模索していたものが、この同盟によって、対米国を意識した「軍事同盟」へとその性質が大きく変わった。一方の陸軍も海軍もこの「政治協定」から「軍事同盟」への変化が、どのように影響を与えるのかさほど真剣に検討せずに追認してしまっているが、この同盟によって英米にとって日本は共通の敵となり日本にとって英米不可分は決定的になったのである。

†外交と軍事は相互に変数

孫武は、外交を政治的目的の達成の手段として、人的損耗やコストが伴う武力戦に代わり得るものとして位置付けており、クラウゼヴィッツもまた外交の重要性を意識しつつ、武力戦は流血をもって解決しなければならないほどの重大な利害関係の衝突であるとした。日本陸海軍は、軍事と外交の関係をどのように見ていたのであろうか。この一連の流れを見る限り、軍事と外交が常に連接しており、互いに変数として影響を与えあうもので、相当高度な総合調整が必要という意識があったとは言いがたい。むしろ、軍事が手段として持つ可能性を中心に常に物事をみて、それでもって自己目的を達成することを求める一方、国と国のパワーバランス関係、外交については極めて表層的で都合のよい見方に終始している。

陸海軍は欧州正面で、独軍がフランスを短期間で降伏させてしまった事実と、英本土がいまにも独軍によって上陸されてフランスと同様の事態になるといった希望的観測を混同して、武力による南方進出の機会を探り、それを「時局処理要綱」で政策化してしまった。その際に「英米可分」が可能と考えるが、その理屈も軍事的観点から予断を含むものであり、政治・経済・文化を含む視座などはないままだった。

†海軍は全力動員準備

その一方で、米国との明確な戦争決意がないままに、「英米可分」が無理な場合に備え、海軍は対米戦を視野に「時局処理要綱」を根拠として「出師準備」という全力動員準備を始めてしまう。これについて、海軍の出師準備は陸軍の全力動員とは性質を多少なりとも異にし、船の徴用、商船の軍艦への改装、基地の準備、燃料の確保といったかなりの時間を要するものもその範疇に含むので、海軍だけが突出していたわけではないとの考え方もある。

海軍という一大組織は、通常は半年近くかかる全力動員に向けて力を傾注させた（実際には一〇カ月かかった）。そして、一度長い時間と労力をかけて完成させてしまえば後にすべてキャンセルするのは難しく、武力戦を行うか否かといった土壇場に自らを追い込むことをどのくらい真剣に考えていたかの根本的な疑問が残る。

三国同盟についていえば、英国の敵である独伊と日本が同盟を結んだことにより、米国に日本が明確に敵になったと認識させるという意識が日本の政治・軍事指導層に生じなかったのであろうか。対英を意識した「政治協定」から、対米を意識した「軍事的同盟」に変貌したことにより、軍事面と外交面の両方からどのようなインパクトが米国との間で生じるのかをきちんと概念整理をしていたとは思えない。支那事変の解決を有利に運ぶために、勝ち馬にみえる独と同盟を結び、米国と交渉に臨むという理屈を都合よく取り込む一方で、それが米国の対日態度にどう影響していくかを総合的に見積もったとも思えない。

†米国の態度硬化

三国同盟締結後、参謀本部第六課の杉田一次少佐（欧米課・アメリカ班長）などは、三国同盟締結後の米国の動きがどのように変化していくかを少なくとも局長や部長級が知っておかねばならないと意見した結果、杉田自身が昭和一五年末から一六年の初めにかけて米国、メキシコ、カナダ、キューバでの視察を命じられた。ハワイでは軍港などが戦争準備に向けて動き始めたのを見て取れたので現地から報告した。ワシントンでは赴任まもない野村吉三郎大使や駐在の武官たちと意見交換をすると、米国は南方に対する戦争準備に向けた動きを本格化させているとして、十分にそこを考慮しなければならないとした。杉田はそうした情報収集の後、帰国して参謀本部に報告を上げたが、それが取り上げられた記録はない。

先の「英米可分」と「英米不可分」の事例をひとつとってみても浮かんでくるのは、陸海軍はやはり軍事を常に主として、外交を従としてとらえる傾向である。軍事にとって都合のよい形での外交を期待し、それを軍事戦略上の所与として織り込む。一方で、軍事にとって都合の悪い形で外交が浮かび上がる場合は、軍事を独立させて、そこに特化して解決方法や方針を考えていく思考方式であった。

山本長官が行った「図上演習」の結果として、「時局処理要綱」で前提とした「英米可分」は成立せずに、今度は、「英米不可分」の結論が海軍軍令部の主流となった。だが米国との開戦は避けなければならないとしつつも、外交といかに調整するかを陸海軍は真摯に研究しないままに、山本の構想する太平洋海域における米国との海戦のあり方に、結果的に押し切られ頼みの綱にもした。

先に述べたように『失敗の本質』では、日本軍は作戦において概念の創造と操作化ができなかったとあるが、それは外交と軍事の関係性といった領域においても同様であった。両者を都合よく分解結合できる産物とし、必要とあれば一方を捨象もしくは一定の所与のものとする見方で作戦方針を定め、それを次第にエスカレーションさせていく。そうした姿勢により軍事と外交がちぐはぐのままに進んでゆき、大東亜戦争開戦直前に至って、始めた場合の戦争の終わらせ方、エンドステートの問題が出てくる。そのときも、軍事を主としながらも、外交とそれを都合よくワンセットで考えた挙句、昭和一六年一一月一五日、戦争への決意が盛り込まれた「対米英蘭蔣戦争終末促進ニ関スル腹案」が提起された。

†『戦争論』の武力戦目的とエンドステート

日本の陸海軍は、軍事を主として都合よく考える傾向があるなかで、戦争・武力戦をどう捉え、そしてその終わらせ方、エンドステートをどう考えていたのか。開戦直前の昭和一六年一一月一五日、「対米英蘭蔣戦争終末促進ニ関スル腹案」が大本営政府連絡会議に上申された。真珠湾攻撃は一二月八日で、それから半月ほどで戦争が始まったことになる。クラウゼヴィッツは『戦争論』で次のように述べている。

「戦争によって、また戦争において何を達成するのかを知らずして、戦争を開始する者はいないであろう。あるいは、賢明である限り、この戦争を開始すべきではない」(『レクラム版』二九七頁)

一二月八日の開戦に先立ち、日本陸海軍の指導者たちはエンドステートをきちんと思い描き、開戦に踏み切ったのだろうか。これについては実のところ、いまだに明確な回答は出ていない。エンドステートを含む意味でのグランド・ストラテジー（Grand Strategy）に基づく戦争計画が日本に存在したのか。これは学界でも論議されているが、主として一部の陸海軍出身者は、「対米英蘭蔣戦争終末促進ニ関スル腹案」はグランド・ストラテジーに基づく戦争計画に相当し、よってエンドステートは存在したのだと主張する。

だが、当時の政治・軍事の指導層は戦争と武力戦を峻別して理解していたのか。先ほど図2で示したようなグランド・ストラテジー（Grand Strategy 大戦略）、ミリタリー・ストラテジー（Military Strategy 軍事戦略）、オペレーショナル・ストラテジー（Operational Strategy 作戦戦略）、戦術（Tactics）という四つのディメンションに基づき、それぞれ戦争指導・武力戦指導・作戦指導・戦闘指導といった具体的なディレクションが付随する。だが、日本軍は結局のところそうした戦略・戦術概念を有機的・体系的に整理してはおらず、先に触れた『統帥綱領』が主唱する作戦・戦闘次元の文脈で大戦略・軍事戦略次元の課題を考えていたに過ぎない。

†日本の戦争計画「腹案」

陸軍が南部仏印に踏み込むのを事前に察知した米国は、昭和一六年七月二五日に日本の在米資産凍結を発令し、日本に対して警告を発した。そして二六日、英国はこれを受けて在英日本資産を凍結する。だが当時の陸軍統帥部（参謀本部）はほとんどこれに関心を払うことなく、既定の計画通り、二日後の七月二八日に南部仏印進駐を実行している。米国は警告通り、八月一日に「日本への石油全面禁輸」を発令した。戦争勃発を憂慮した近衛首相は八月四日、太平洋上のハワイもしくはアラスカ州ジュノーでルーズヴェルトと「日米巨頭会談」を行って問題を一挙に解決しようとした。二日後の八月六日には陸海軍相に文書でその構想を伝え、了解を得たうえで米国と交渉することになった。

八月二八日、野村駐米大使はルーズヴェルトに近衛親書を手渡している。野村は非常に好意的な感触を得たと近衛に報告しているが、ルーズヴェルトは八月八日から一二日にかけてニューファンドランド島沖の戦艦プリンス・オブ・ウェールズ上でチャーチルと「大西洋会談」を行い、「大西洋憲章」を発表している。これについては日本も等しく新聞や報道で情報を得ていたはずだが、「大西洋憲章」からルーズヴェルトが抱く参戦企図、そして戦勝後に構築すべき新たなる世界秩序の構想理念に思い至った者はいなかった。

九月三日、米国はハル四原則を基礎とする交渉でなければならないとし、事実上近衛の申し出を拒絶する。近衛はそれでもなお米国との巨頭会談に望みを託していたが、九月三〇日に米国から「首脳会談拒絶の口上書」を受け取り断念した。その次の山場として一〇月一二日の荻

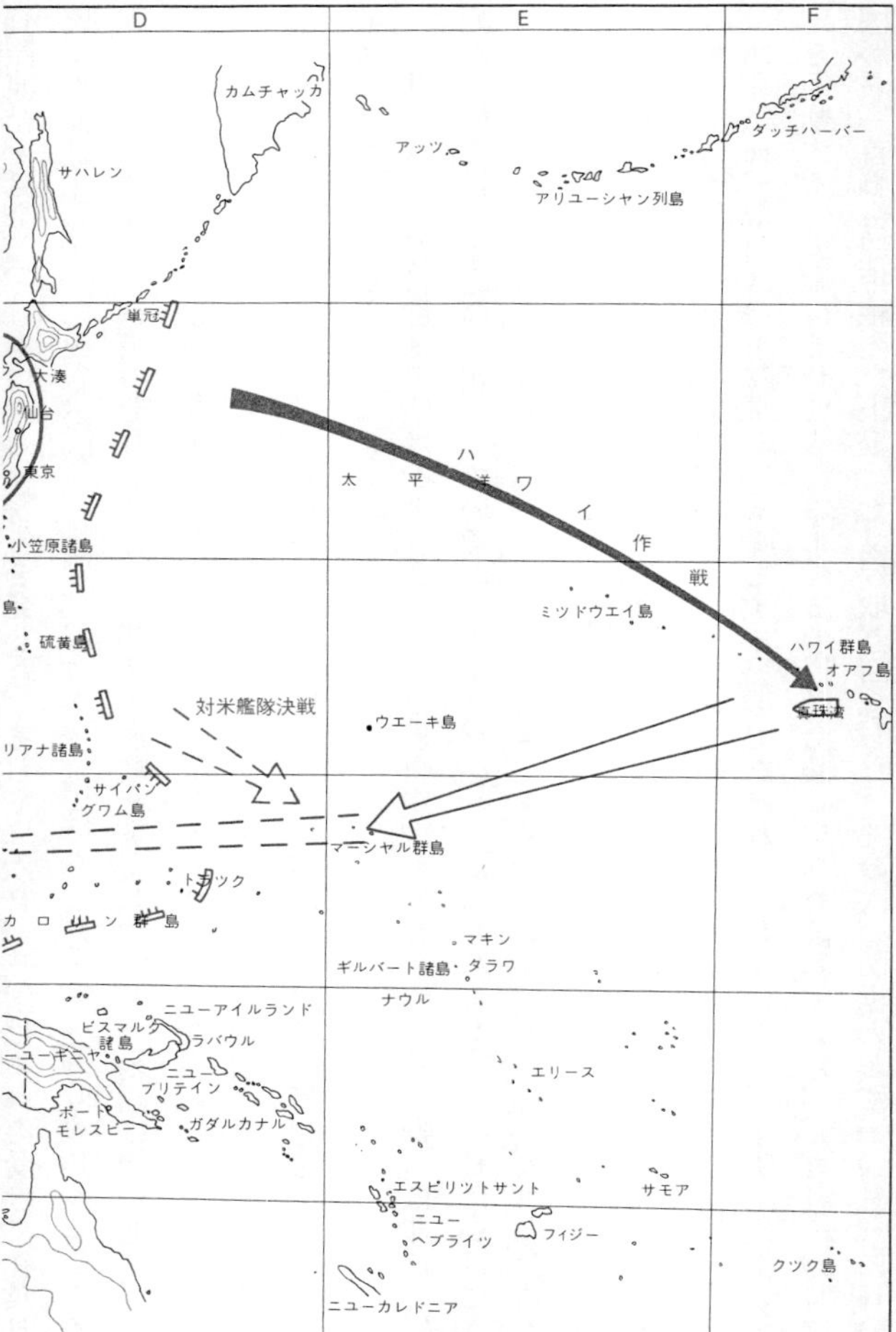

（桑田悦、前原透共編『日本の戦争』原書房より）

図３　開戦前の戦争指導構想の考え方

外荘五相会談があるが、ここで会談が決裂する。第三次近衛内閣は一六日に総辞職し、一八日に東條英機内閣が発足する。

東條は昭和天皇に対して最も忠実な軍人であったため、平和を望む昭和天皇の意に沿うべく九月六日の「帝国国策遂行要綱」を白紙に戻す。いわゆる「白紙還元の御諚」に基づき、日米交渉を再び行おうとする。東條はこのとき、閣僚に「俺は陸軍大臣のとき、近衛さんに申し訳ないことをした」と独り言のように漏らしたという。この発言はおそらく荻外荘《てきがいそう》五相会談のとき、近衛の対米和平を蹴り飛ばしたことを指しているのだろう。実際に総理の地位に就き、昭和天皇の「白紙還元の御諚」を徹底するため、参謀本部の杉山元陸軍大将、海軍軍令部の永野修身《おさみ》海軍大将とこの問題について話し合おうとしたが、極めて強固な壁のごとく動かなかった。

戦争計画が滞る一方で、作戦計画だけがどんどん進捗していくなか、東條の腹心の部下であった陸軍省軍務局軍務課員・石井秋穂大佐がつくりだしたのが「対米英蘭蔣戦争終末促進ニ関スル腹案」である。ここでは米国が出した「大西洋憲章」のような、連合軍の戦後処理構想という壮大なる理念は皆無であり、次のようなキーセンテンスに代表される。

帝国は迅速なる武力戦を遂行し東亜及西南太平洋における米英蘭の根拠を覆滅し、戦略上優位の態勢を確立すると共に、重要資源地域ならびに主要交通線を確保して、長期持久の態勢を整う。

ここで図3「開戦前の戦争指導構想の考え方」を見ておきたい。丸で囲ってある地域が重要資源地域、日本国土から伸びる矢印は主要交通線である。基本的な重要資源地域と主要交通線を確保して資源を日本に送り返し、国力・戦力を強化して長期持久（自給）の態勢を整える考えであった。しかし、ここにはエンドステートに向けての戦争終末構想はまったく含まれていない。つまり「武力戦指導構想」ではあっても、決して「戦争指導構想」と言えるものではなかった。

†『戦争論』の武力戦の二つの形

話をもう一度山本の真珠湾奇襲構想に戻したい。昭和一五年一一月に行われた図演において、すでに真珠湾攻撃によって早期に米国太平洋艦隊を撃滅させることを視野に入れていたとされるが、それにより起きる武力戦と戦争がいったいどのようなものになると山本は考えていたのか。なお『戦争論』では、武力戦をもって行われる戦争には二つの形態があるとする。クラウゼヴィッツは『戦争論』の「方針」で次のように述べている。

「それぞれ目的を異にする二通りの戦争の区別をもっとはっきり打ち出したい、そうすれば戦争に関する一切の思想はいっそうはっきりした意義といっそう明確な方向とを得るし、またもっと正確な適用が可能になるだろう。いま二種の戦争と言ったが、その第一は、敵の完全な打倒を目的とする戦争である、なおこの場合に国家としての敵国を政治的に抹殺するか、それとも単に無抵抗ならしめ、従ってまた我が方の欲するままの講和に応ぜざるを得なくするかは問うところでない、——また第二は、敵国の国境付近において敵国土の幾許かを略取しようとする戦争である、なお、この場合に、略取した地域をそのまま永久に領有するか、それとも講和の際の有利な引換え物件とするかは問うところでない。言うまでもなくこれら二種の戦争の間には、種々な中間的段階がある、しかし両者の追求する目的がまったく性質を異にするものであるということは、いかなる場合にも徹底していなければならないし、また両者の相容れない性質を截然と分離せねばならない。ところでこの二通りの戦争のあいだに実際に存するところのかかる根本的差異もさることながら、そのほかにも戦争の考察にとってこれまた実際に必要な観点が明白かつ正確に確立されねばならない。それは——戦争は政治的手段とは異なる手段をもって継続される政治にほかならないということである……。」

（『戦争論』上、篠田英雄訳、岩波文庫、一三〜一四頁、傍点原文）

これによれば、戦争には二つの種類があり、それは第一種の戦争と第二種の戦争に分けられることになる。第一種の戦争は相手を政治的・全面的に抹殺することを目的とし、第二種の戦争は国土・領土の取り合いで限定戦争の概念に近い。

†真珠湾奇襲が引き起こした「政治的抹殺」

ここでは大東亜戦争をこの文脈から読み解く。昭和一六年一二月八日の米国領土のハワイ真珠湾奇襲の結果として、米国の国民世論は激昂した。米国はこれを奇貨としてクラウゼヴィッツがいう第一種の戦争、つまり日本を政治的に抹殺するというコンテクストに書き換えたのではないか。しかも日本は、これに極めて鈍感なまま事態が進展したのでないか。陸海軍の意識としては、やむにやまれぬ事情から開戦に踏み切った。このままでは資源は枯渇し、経済的にも追い込まれていき、国が成り立たなくなる。戦うなら戦力が動員できるいましかないとの認識に立っていたとよくいわれる。

だが、日本はそもそも米国に対して「敵の完全な打倒を目的とする」「政治的に抹殺する」という「第一種の戦争」の発想に立っていなかった。

†もう一つの戦争計画構想

一方で当時、あまり知られていないが、まったく別の対米戦の構想を考えている人物がいた。開戦時は、陸軍省軍務局軍務課長のポストにあり、昭和一七年には、武藤章に代わって軍務局長に就任した佐藤賢了《けんりょう》である。佐藤が著した『佐藤賢了の証言──対米戦争の原点』（芙蓉書房、一九七六年）に「第三部　言い残しておくこと」が収録されている。

これによれば開戦が迫ってくるなか参謀本部の田中新一作戦部長が、陸軍省武藤軍務局長・真田軍事課長、そして軍務課長であった佐藤らを作戦室に招いて、対米国の作戦計画を説明した。その時点でも真珠湾奇襲のことは説明されなかったが、そこで佐藤は次のように意見した。

もし万が一にも米国と戦争するのであれば、直接米国本土・米国領を攻撃するのは得策とは考えられない。この戦争は終末点がないなかで、結局は妥協和平によって終末に導かねばならない。大変困難な戦争になるのは目に見えているのだから、米国の敵愾心《てきがいしん》を沸き起こさせてしまうことは戦略上得策とはいえない。したがって、米英の領域には日本から手を出すことなく、資源地帯であるオランダ領東インド（インドネシア）に絞って、これを占領し、米英からの攻撃に十分に備えて迎撃するのを考えるべきではないか。インドネシアはフィリピンとマレー半島、すなわち米英の戦略拠点の深い凹角内に位置しており、たしかにこれらのフィリピンとマレー半島を攻略せずに突入することは作戦次元では難しくある。その場合、どうしてもというのであれば、マレー半島に絞り攻略し、フィリピンはしばらく見合わせて米国から宣戦布告してくるのを待つべきだ。

もともと日本海軍は太平洋で米国海軍を迎撃する作戦思想で演練を重ねてきている以上、その活用を模索するべきである。いずれにしても「英米不可分」である以上、米国は参戦してくるだろうが、自国領が攻撃された場合と同盟を助ける場合ではその世論の支持程度にかなりの温度差が生じるはずで、それを沸きたたせるためには米国も多少なりとも困難に直面することになる。この案に武藤軍務局長も同意を示したという。

なお、佐藤はこの考え方が純軍事的には素人臭いものであるともいっている。それは、日本が待ち(受動)にまわり、米国が一たび戦争準備を完成させてしまえば、早期に太平洋艦隊を撃滅するのは難しくなる。したがって、先制攻撃をかけて太平洋艦隊を撃滅させ、フィリピンをはじめその他の基地を速やかに攻略しなければ、その後の軍事的な戦略態勢を整えることができない。それを理解した上でなお、終末構想、エンドステートに講和の余地を残すためには政略的配慮が必要で、純軍事的な視点だけで作戦構想を練るべきではないとした。

これは、『戦争論』がいう第二種の戦争(限定戦争)に近い形に持ち込む戦略の追求ともいえる。

ただ、現実には、『失敗の本質』二章にも引用したように、山本は有名な次の言葉とともに真珠湾攻撃を選択したのである。

†山本五十六の対米戦争観

山本五十六は「大勢に押されて立上らざるを得ずとすれば、艦隊担当者としては到底尋常一様の作戦にては見込み立たず。結局、桶狭間と鵯越と川中島を併せ行うの已むを得ざる羽目に追込まれる次第に御座候」(嶋田繁太郎あての手紙)といっていた。

純軍事的な観点から作戦レベルでの勝利の延長線上に戦争の勝利を見出す考え方のほかに、政略や外交の可能性に対して配慮を残したうえで、『戦争論』がいう第二種の戦争(限定的な戦争)でエンドステートを迎える考え方もあったのではないか。この問題については、最終章で改めて取り上げる。なお、山本の作戦・指揮に対する基本的な戦略眼や思想などは、後に改めて『孫子』、『戦争論』の観点から考察する。繰り返すが、『戦争論』の視点では、戦争が第一種の戦争・第二種の戦争に分けて考えられるのをひとつの問題提起としておきたい。

†「絶対戦争」と「現実の戦争」

『戦争論』の第一篇第一章において、クラウゼヴィッツは現実には存在しない机上の「絶対戦争」「全面戦争」という観念上の戦争、現実に生起して勃発する戦争である「現実の戦争」の二つに分けている。『戦争論』は未完成のうちにクラウゼヴィッツが他界してしまっているが、そのなかでも第一篇第一章だけは完成していたとされる。

ただ、この「絶対戦争」と「現実の戦争」の二項対立で交互に論究していくスタイルは決してわかりやすいものではない。「絶対戦争」とは、戦争をするどちらか一方が勝利をおさめ、どちらか一方が敗戦に至るまでは、すべての軍事力とあらゆる資源が制限なくつぎ込まれて武力戦が継続されるものである。「現実の戦争」、つまり戦争・武力戦は他の領域からの干渉や妨害から無縁ではなく、したがってすべての軍事力を動員することはかなわず、見込んだ大戦果を得る以前にピークを迎えて、予期していなかった結果で終わるものだとする。つまり、「現実の戦争」とは常にある程度の制限を受けることになる。

この現実には存在しない理念上の「絶対戦争」なる概念をクラウゼヴィッツが考え出して論及したのは、いわゆる「いかに戦争に勝つか」の従来から存在した次元で戦争を論じるのではなく、「戦争の本質とは何か」を解明するためには、必要不可欠な分析のコンセプトであった。

近代物理学を発展させるうえで、現実には存在しない「理想気体」というコンセプトを科学者たちが想定して思考を進めたのと同じであった。

なお、「絶対戦争」が現実には存在しない理念上のものだからといって、戦争のリアリティーを考えるうえで安易に不要とするべきではない。同時に、「絶対戦争」は思考過程、ものを考えるプロセスとしては非常に大きな意味を持つ。クラウゼヴィッツはナポレオン戦争を参考にして「絶対戦争」というコンセプトを導出したが、「絶対戦争」を理念の上での戦争として片づけず、たとえば、米国がその全力動員で「絶対戦争」に限りなく近い形で戦争を行うとして、日本にはどのような戦い方がありえたかを、考えることは当時もいまも決して無駄ではあるまい。

先ほど触れた第一種の戦争、第二種の戦争は「現実に存在する戦争」のなかの形態ではあるが、第一種の戦争は、「現実に存在する戦争」のなかでも、限りなく「絶対戦争」に近い形で生起することが考えられる。こうした可能性については常に考慮しておく必要がある。「摩擦」が限りなく存在しない状態で相手が全力で立ち上がってきたとき、その戦争の終末構想、エンドステートにどのような選択肢があり得たか。資源・軍事力のすべてを使い、相手が政治的にこちらを抹殺してきたとき、こちらになす術があるのか。陸海軍はその可能性に目をつぶり、クラウゼヴィッツがいう「摩擦」の問題を自分たちに都合のいいように解釈してしまった。

戦前、『統帥綱領』を絶対とする一方、『戦争論』を真面目に読んでいる者はほとんどいなかった。日本陸軍の軍人のなかでクラウゼヴィッツに取り組んだといわれるのは、開戦時の陸軍省軍務局長・武藤章であり、彼は中佐時代に「クラウゼヴィッツ・孫子比較研究」（日本陸軍『偕行社記事』誌（昭和八年六月号）所載）という論文を書き上げているが、その結論は「わが国独特の〇〇綱領」（注――統帥綱領と思われる）を持ち上げ、そこに落着させており、両者を的確に理解していたとは到底考えられない。

3　大東亜戦争開戦経緯――経済と軍事の視点から

経済と軍事のバランスをみる『孫子』

孫武とクラウゼヴィッツは、戦争と国力・戦力造成、経済についてのアプローチが異なる。『孫子』は『戦争論』に比べてより総合的視点で戦争を論じており、そのなかには経済力などの国力という観点が含まれる。武力戦という形で戦争を遂行し、それが長期間に至った場合の経済的な負担について、最も端的に指摘している文章を引用したい。

「孫子曰く、凡《およ》そ用兵の法は、馳車《ちしゃ》千駟《し》、革車《かくしゃ》千乗、帯甲《たいこう》十万。千里にして糧《かて》を饋《おく》れば、則ち、内外の費《ついえ》、賓客《ひんかく》の用、膠漆《こうしつ》の材、車甲《しゃこう》の奉《ほう》、日に千金を費やして、然《しか》る後に十万の師、挙《あ》がる。

其《そ》の戦いを用うるや、勝つことを貴《とうと》ぶ。久しければ、則《すなわ》ち兵を鈍《にぶ》らし鋭《えい》を挫き、城を攻むれば則ち力屈す。久しく師を暴《さら》せば、則《すなわ》ち国用足らず。

夫れ、兵を鈍《にぶ》らし、鋭《えい》を挫《くじ》き、力を屈《つく》し貨をつくすときは、則ち諸侯其《そ》の弊《へい》に乗じて起こる。

知者ありと雖《いえど》も、其の後を善《よ》くする能《あた》わず。

故に、兵は拙速《せっそく》を聞くも、未《いま》だ巧《たくみ》の久しきを睹《み》ざるなり。

夫れ、兵久しくして国を利する者は、未《いま》だ之《こ》れあらざるなり。

故に、尽《ことごと》く兵を用うるの害を知らざる者は、則《すなわ》ち尽く兵を用うるの利も知ること能《あた》わざるなり」(作戦篇)

〔訳＝およそ武力戦には、馬四頭立ての戦車千両と馬四頭立ての装甲輜重車《しちょうしゃ》千両、さらに、鎧・甲の武装兵十万が必要となる。千里もの遠方の戦場に食糧を輸送する経費、また、国内での準備と戦場活動に要する経費、外交・工作のための出費、兵器・器材等の製作・補修に必要な膠《にかわ》や漆などの調達経費、戦車や甲冑に要する資材費は、一日に千金にも上るであろう。

これらの戦費の調達ができて、初めて十万の兵力の動員は可能になる。
勝利こそが武力戦の第一の目標である。武力戦が長期化すれば、装備兵器等は損耗し、第一線部隊の将兵の戦力は減耗し、士気は低下する。城攻めの頃には、その戦力は尽き果てているだろう。武力を行使して長期戦に陥れば、どのような国力をもってしても、武力行使に伴うヒト・モノ・カネなどの所要を充たせるものではない。軍隊の戦力と士気が低下し、政府の戦争特に武力戦に対する情熱が冷め、国民の力が衰退し、国庫の財が底を突く頃ともなれば、周辺諸国は、我が国の苦境に乗じて干渉・介入を企てるおそれがある。この段階になってしまうと、たとえ我が国に明察の士がいたとしても、その前途に対する適切な策を講じることは不可能となる。したがって武力戦においては、戦果が不十分な勝利であっても速やかに終結に導くこと（拙速）で戦争目的を達成したという話は聞くが、完全勝利を求めて武力戦を長期化させて結果がよかったなどという例は、いまだかつて見たことがないのである。」

「夫れ、未《いま》だ戦わずして廟算《びょうさん》するに、勝つ者は算を得ること多きなり。未だ戦わずして廟算するに、勝たざる者は算を得ること少なきなり。算多きは勝ち、算少なきは勝たず。而《しか》るを況《いわ》んや算無きに於《お》いてをや。吾《わ》れ、此《こ》れを以て之を観るに、勝負見《あら》わる」（始計篇）

〔訳＝さて、政府・軍首脳による戦争意思決定会議において、「五事・七計」による客観的総合算定で脅威対象国よりも身方の「力」が優勢であれば、勝利の可能性がある。もしも身方が劣勢であれば、敗北の可能性大で危険である。多重的かつ多方面から、「五事・七計」による客観的な情勢判断を行う側は勝利を可能とすることができるが、一面的で主観的な希望的観測に陥る者には、勝利は不可能である。ましてや、この情勢判断をまったく行わない者には、勝利の可能性はない。私が戦争特に武力戦の勝敗の結末を予測できるのは、このような情勢判断によって、情況を解明するからである。」(注――「五事・七計」とは、五つの基本要素「道」「天」「地」「将」「法」と、七つの比較要素「主」「将」「天地」「法令」「兵衆」「士卒」「賞罰」であり、戦争の大筋を把握する際は「五事」で考え、自軍と敵軍を比較する際は「七計」で考えるとする)

武力戦には武装兵が一〇万必要であり、これを集めて戦力化するためには莫大なお金がかかる。経済の観点に切り込み、現実的かつ徹底的にシミュレーションをせよというのが『孫子』の大眼目である。

†軍事の要求を当然とする『戦争論』

一方でクラウゼヴィッツは、戦争における経済的な側面や兵站(ロジスティクス)については一見すれば無視してもよいと読めるようなものの書き方をする。

「戦争指導には、火薬や火砲をつくるために石炭、硫黄と硝石、銅と鉛が与えられるのではなく、威力を持った兵器の完成品が与えられるからである。……戦略は、最善の戦争成果を得るために、どのように国土が整備され、国民が教育され、統治されねばならないかを考察するものではなく、これらがヨーロッパの国家社会においてどのような状態にあるかを考察し、多様な状況が戦争に著しい影響を及ぼす事実だけに注意を払えばよい」(『レクラム版』一三一頁)

「戦闘力の維持に関連するすべての活動は、常に闘争の準備と見なされるが、ただ行動ときわめて密接な関係にあるので、軍事行動と織り混ざり、また戦闘力の使用と交互に現れる。したがって、他の準備的な活動と同様に、戦闘力の維持については、狭義の戦争術、すなわち本来の戦争指導から除外するのはもっともなことである」(『レクラム版』一〇九頁)

これらをもって、クラウゼヴィッツは戦争における経済面やロジスティクス〈兵站〉を軽んじていると批判され、それは、ある程度妥当な批判ともいえる。しかしながら、『戦争論』は戦場においていかに武力戦を遂行するかに論考の重点を置き、加えて、当然、軍に必要とされる経済面やロジスティクスに関する支援は提供されるのを前提としている。戦場における武力戦の遂行（作戦段階、戦闘段階）を考えるなかで、別の物事（経済・兵站）を捨象して分析していく形式の論述に過ぎないのであり、あまり過度にクラウゼヴィッツが経済や兵站を考えなかったとするのは慎まねばならない。

また、『戦争論』を読むにあたっては、国家の経済的な領域は自律的に動いていくことを前提としているのを踏まえておかねばならない。クラウゼヴィッツは『戦争論』を書くにあたって、経済的な要素は所与であり、戦争指導・戦闘力の維持についての論考でそれらを明確に分けているのは単純な区分けである。いずれにしても、『孫子』は戦争が長期に至った場合の経済的な負担と考慮を極めて明確に言語化し、『戦争論』は自律的な国家経済により、軍人が求める兵站や戦備は与えられた上で武力戦を遂行することに主軸をおいて書かれた（『戦争論』もまた、期待するものが与えられないのであれば、そもそも武力戦を行うべきではないとなる）。両者のアプローチ・叙述スタイル・方法に相違点はあるが、戦争と経済が本質的には不即不離であるという認識に変わりはない。

†日本軍「総力戦研究所」の設立

第一次世界大戦を機に国家の間で行われる戦争は、経済力を含む総力をあげて戦う総力戦に発展することが常識となった。第一次世界大戦に大規模な形では参戦していない日本でも、ある程度観念の上ではそうした認識はあったが、米国と戦端を開くに際して、日本はどのくらいその経済的な規模の違いや国力差を真剣に検討したのか。

日本はそうした知的努力をまったくしなかったわけではなく、内閣直属の機関として「総力戦研究所」を昭和一五年、近衛内閣のときに発足させている。そこでは軍・官・民から有望な人材を集めて、日米が総力戦を行えばどのようになるのかを研究させた。それがいかなる歩みでつくられ、研究がどう報告されたかをみておきたい。なお、このあたりのことは、『総力戦研究所』(森松俊夫著、白帝社、一九八三年)と『昭和一六年夏の敗戦』(猪瀬直樹著、中公文庫、二〇一〇年)などが詳しく、本書でもこれを参考としたい。

総力戦研究所の発想は、昭和五年から前出の辰巳栄一少佐(陸士二七期)がロンドンに駐在していたときに、英国陸軍省極東班長のマイルス中佐との交流のなかで「国防大学」という存在を知ったのがきっかけとなった。この存在について詳しく説明するのをを拒むイギリス当局に対して、辰巳が独自で情報収集を重ねた結果、見えてきたのは次のことであった。

①国防大学設立の目的は、平戦両時を通じて、軍部と他の政府諸機関との協調連絡を図るために、その要員を養成するにある。

②本大学編成組織は明らかではないが、現在の学長は、シビリアンでなく、陸海いずれかの将官といわれている。教官には優秀な佐官クラスの将校と、政治・経済・文化等の学識経験豊かな、それぞれの文官が任命されている。
③学生は、軍から陸海の中・少佐クラスの将校と、シビリアン学生として内務・外務・大蔵・産業各省から適任者で選抜されている。学生数は、毎期、約三〇名、学修期間は一年ということである。(『総力戦研究所』より)

要するに、この国防大学は、英国の軍・官・民から将来有望と思われる優秀な頭脳を集めて交流させ、その知見を国家のために役立てようとの発想で運営されており、そこには可能な限り無駄なセクショナリズムは排除させる工夫がなされていた。辰巳は同様のものが日本においても必要だと痛感しその情報報告を関係各所にあげた。ただ、即座にその流れが結実したわけではなく、立ち消えになりかけながらも、西浦進(陸士三四期)などの尽力でようやくその機運が高まった。具体的な形で日の目をみたのは昭和一五年九月三〇日になってからで、ようやく「総力戦研究所」が設置された。

それに先立つ閣議決定で「㊙総力戦研究所設置に関する件」では、「近代戦は武力戦の外思想、政略、経済等の各分野に亘る全面的国家総力戦にして第二次欧州戦争は本特質を如実に展

開し支那事変の現段階もまたかかる様相を呈しつつあり……」と始まり、細部については、

「一　総力戦研究所は国家総力戦に関する基本的調査研究を行ふと共に総力戦実施の衝に当たるべき者の教育訓練を行ふを以て目的とすること。
二　総力戦研究所は内閣総理大臣の監督に属するものとすること。
三　総力戦研究所は所長（陸海軍将官又は勅任文官）並に所員若干名を以て構成し各庁並に民間に於ける優秀なる人材を簡抜すること。
四　研究員は差し当り文武官及び民間より簡抜したる若干名を以て之に充て其の教育期間は概ね一年とすること。
五　研究所は至急之を開設し先づ所員を以て総力戦に関する基本的調査研究を行ひ昭和一六年度より研究員の教育訓練を実施するものと予定すること。
六　本件に関する経費に付いては適当なる措置を講ずるものとすること」（『昭和16年夏の敗戦』）

と定められた。

†軍官民エリートで構成されたチーム

目に見える理屈は成り立ち、とりあえずの形はできたものの、具体的な人事や人材、研究や運営方法を巡ってはすべて円滑に進んだわけでもなかった。この研究所に第一期生が入ってきたときは昭和一六年四月になっており、所長も飯村穣（陸軍中将）に交代されていた。

第一期生の顔ぶれは、年齢は三一〜三七歳までで平均年齢にすると三三歳、実務経験を一〇年以上は持つ各省庁の中堅クラス、いまでいう課長補佐クラスに当たり、軍人は少佐・大尉クラスの合計三五人で、その内訳は官僚二二、軍人七名、民間八名であった。

総力戦を研究するにあたり、まずは研究生たちに必要な基礎知識を与えるため、それぞれの分野の概論講義が組まれていた。たとえば、「戦略戦術」「陸軍軍制」「海軍軍制」「外交戦史」「物資（食糧事情）（食糧増産・肥料事情）」「金融其の他（租税）（金融事情）（インフレーション）」「国体の本義」「総力戦本義原則」などがあり、加えて、「体育」まで用意されていた。これに対して、研究生たちからは学生のように講義をだまって聞くスタイルに不満の声もあがった。

†日米総力戦シミュレーション

この雰囲気が大きく変わったのは入所から三カ月あまりたった七月一二日で、研究生に対して「第一回総力戦机上演習」（シミュレーション）が課題として与えられたときだった。研究生全員で模擬「内閣」を組閣し、シミュレーション方式で日米開戦を総力戦の観点から研究していくことになった。

内閣総理大臣、外務大臣、陸軍大臣、海軍大臣、司法大臣、文部大臣、農林大臣、商工大臣、逓信大臣、企画院総裁などすべてのポストに研究生が任命されて「閣僚名簿」が作成され、「青国政府」（日本）を組織した。そして、教官側（研究所員）がこの演習全体を指揮監督する「統監部」を受け持ち、このゲームのなかで同時に「統帥部」（大本営陸軍部・海軍部）の役割も担うことになった。つまり教官側はゲーム全体をコントロールするゲーマーとしての役割を持つと同時に、「統帥部」としてプレイヤーとしても演習に参加する機能を持つことになった。ゆえに、「統帥部」は「青国政府」に対しては常に強い立場となった。

この演習が開始される七月一二日に先立って、研究生全員に対して個人課題が与えられていた。それは、

①皇国の国是及び国策の検討
②皇国総力戦方略の算定
③右に必要なる情勢判断

④枢軸国（注――独伊）との協力により同盟条約の企図達成に勉むる外、米国の対枢軸国参戦に備え、対米先制開戦準備の万全を期す（『昭和16年夏の敗戦』）

とあった。研究生はこの課題でポイントを事前に各自で整理して、このシミュレーション・演習では具体的なデータにすることを求められた。

（別紙第二）

青国政府の提出すべき総力戦計画

一　青国総力戦方略

（総力戦態勢の強化、武力戦、外交戦、思想戦、経済戦の指導に関する方針を含む）

二　陸海軍関係計画中左記

（一）軍所要人員の種別員数　（二）軍所要物資の数量　（三）軍所要徴用船舶種別数量

（四）主要民間工場に要求すべき軍需品生産力　（五）軍事予算の概要　（六）全国防空計画及び関東地方防空計画（大島含む）

三　対外政略綱領

（一）外交戦計画　（二）支那事変処理方針　（三）満州国対処方針　（四）占領地統治計画

（産業開発等含む）

四　思想戦計画

（国内防衛取締精神動員等に対する計画を含む）

五　経済戦計画中左記

（一）経済力充実綱領　（イ）生産力拡充方針　（ロ）経済共栄圏の拡充強化方針　（ハ）貿易（経済共栄圏内の物資交流）方針　（ニ）不足資源の補塡に対する方針　（二）経済力動員綱領　（イ）物資　（ロ）資金　（ハ）労務　（ニ）運送力　（ホ）財政計画の方針に対する動員の方針　（三）経済戦実施計画（彼我の経済力に関する攻防の方策）

計画策定上の注意

一　以上の諸計画は今後約二年間に予想せらるる重大な内外情勢の変化（公算大なる数種の場合に付）に応ずるものたるを要し、成るべく月別または数月別（年別）の対策を示すものとす。

二　諸計画立案の細目に関しては、各担任審判官の指示を受くるものとす。（同書より）

「統監部」はこれらの要求を形にすることを「青国政府」に迫り、加えて一つの「状況」を与えるところから演習は開始された。その状況とは、英米が青国に対して経済封鎖を行い、青国が南方の資源を武力で獲得することに訴えた場合、どのような事態が起き得るかであった。これを米国が座視するとは思えず、米国艦隊は日本の油槽船（タンカー）に対して攻撃をしかけてくるだろうから、戦争は避けられない。「青国政府」として、このような状況設定を受け入れるかどうかでの激論から始まった。

†「青国政府」対「統監部」の戦い

「青国政府」の「内閣」は連日、各「大臣」がそれぞれ実際の省庁や関係各機関から集めてきたリアルなデータをもとにして模擬閣議を開いた。インドネシアの油田地帯を確保するところまでは難しくないが、その後、フィリピンの米国東洋艦隊によって日本の油槽船が沈められる。それに対して青国政府は外務省が抗議をするだろうが、米国政府が受け入れないであろう。そうなると青国の海軍が動員され、米国艦隊と交戦をする流れになる。「統監部」の状況設定を受け入れた後、米国との戦争は必至になると「閣議」で「総理」が発言をした。

それに対して「外務大臣」は、開戦となった場合は長期戦を考えねばならないが、次の問題は講和をどの時点でつかみえるかに絞られてくる。ただし、世界が米英と独伊のような形で割れてしまっているなかでは、第三国に講和を仲介してもらうのは難しくなる。そこから派生して、短期決戦で勝利して講和に持ち込む考え方はあまりに都合がよいものとされた。一方で今度は「企画院総裁」「商工大臣」「日銀総裁」などの経済閣僚が米国と青国（日本）の生産力の差などの数字を挙げながら、いかに米国との開戦が無謀であるかと議論に加わった。

その後も「統監部」から次々と厳しい状況を付与されていくが、青国政府は米国との正式な開戦を決断しない。演習が始まって一カ月ばかり経過したときに一度、青国政府は「統監部」に対して「検討した結果開戦はできない」との結論を申し入れて話し合いを持っている。しかしながら、開戦をしないとの結論になると総力戦のための演習が成立しないので、最終的に研究生はしぶしぶ開戦を受け入れて演習を継続した。

†「青国政府」の苦悩

総力戦を支えるためには経済力をベースとする国力の検討が重要とし、これを境に研究生たちはより一層データに対して真剣に向き合っていった。彼らの多くは自分の出身官庁や職場に戻ればリアルな数字に触れられる立場にいたので、世間が知らない実情を知り得たが、それは同時に彼らを苦しめていった。実際に商工省出身の「企画院総裁」は、軍需に必要となる鉄やアルミニウムの製造能力を熟知しており、これを演習だからといって五倍あるいは五分の一に計算するようなまねはできないとした。そして、同じく商工省出身の「商工大臣」も、軍需省や商工省に勤める身であれば、「戦争すべきでない」というよりはむしろ、「戦争はできない」という認識を持つのは当然とした。

なお、この「第一回机上演習」が終わった三ヵ月後の昭和一六年一一月二四日には、研究生たちはそれまでの集めたデータをもとにして「国防上における物資、労務、交通」のテーマで報告書を出している。海軍出身でこの演習で「海軍次官」を務めた海軍少佐は、レポートの冒頭で結論として次のように述べた。

「我国工業の原料資源自給率が列強に比し、貧弱なるは既に論なき処、生産力拡充計画樹立当時に於ける之が必要性の根幹をなしたる要因は

（イ）日本を囲繞《いにょう》する国際情勢の険悪化。

（ロ）日本の生存乃至歴史的使命の遂行の前途に横たわれる諸外国の圧迫を排除せんが為には強力日本の建設を最大急務としたること。

（ハ）強力国家の建設は近代式の質的変化即ち戦争の総力戦化に伴い、背後に強大なる経済力を必要と認めたること。

（ニ）昭和十一年迄に到達せる日本経済力を以てしては以上の要請に応ずべく余りに微力た

りしのみならず種々の欠陥を包蔵し居たりしこと」(同書より)

つまり、この程度の経済力では総力戦は支え切るのは不可能と言明していた。「統監部」が出した武力で南方から資源を確保するとのお題が、青国政府の「閣僚」たちを引き続き悩ませていた。南方を占領し石油などの戦略物資を船積みしたところで、それを安全無事に本国まで輸送できなければ意味がない。それまでの欧州の戦争でも、商船は開戦されれば必ず攻撃を受けて沈められる。ゆえに、この場合、どのくらい米国によって沈められてしまうかが重要になる。

「企画院次長」はかつてロンドンに駐在し、世界的に名が知られている保険会社ロイズのデータをもっていた。その「『ロイズ・レジスター船舶統計」をもとに計算してみたところ、開戦をした場合の船舶消耗量は毎月一〇万トンで、年間にすると一二〇万トンが撃沈される。造船能力は多く見積もり月五万トン、年間にすると六〇万トン、これらを差し引いて計算していくと年間で六〇万トンの船を失っていく。この計算でいけば三年も経過すると全体の約三分の二が撃沈されることになる。つまり、いくら南方を武力で占領して戦略物資を輸送することを目論んでも、それは計画倒れに終わるのが明白となった。

†演習報告と東條陸相

このような経過で、七月一二日に始まった第一回机上演習は八月二三日、青国は米国と開戦した場合には敗北するとの結論に至った。そして、八月二七〜二八日の二日間をかけて、本物の総理官邸で演習の成果報告を行った。近衛総理、東條陸相以下政府、統帥部関係者が多数居並ぶなかで、「青国政府」の「総理」以下の「閣僚」は緊張しながらも報告をしていった。

ただ、ここで忖度が働いたのか、開戦した場合は敗北必至というダイレクトな表現を回避して、やや婉曲な表現により報告がなされた。この二日間、東條陸相はメモを取り続け、研究生からの報告と飯村所長の講評が終わったのち、コメントをしている。青国政府の「内務大臣」と「企画院次長」は東條陸相の真向かいに座っていたが、東條の顔色は青ざめており、そのこめかみが震えているようにみえたという。

「諸君の研究の労を多とするが、これはあくまでも机上の演習でありまして、実際の戦争というものは、君たちの考えているようなものではないのであります。日露戦争でわが大日本帝国は、勝てるとは思わなかった。しかし、勝ったのであります。あの当時も列強による三国干渉で、止むに止まれず帝国は立ち上がったのでありまして、勝てる戦争だからと思ってやったのではなかった。戦というものは、計画通りにいかない。意外裡なことが勝利につながっていく。したがって、君たちの考えていることは、机上の空論とはいわないまでも、あくまでも、その意外裡の要素というものをば考慮したものではないのであります。なお、この机上演習の経過を、諸君は軽はずみに口外してはならぬということでありますッ」(同書より)

実のところ、東條のこの発言を額面通りに受け取ってよいかどうかは判断が分かれる。演習の間、東條はときどき総力戦研究所に自ら足を運び、研究生たちの「閣議」をじっくり聴いていたという。よって東條は、この研究所が重要な使命と役割を帯びているのを認識していたとの見方もできる。当時の東條の側近ともいうべき存在である武藤章軍務局長、前出の佐藤賢了軍務課長、真田穣一郎軍事課長、石井秋穂軍務課高級課員に加えて、この研究所の発足に尽力した西浦進軍事課高級課員がいた。

東條は西浦からこの研究所の重要性をブリーフィングされており、一定の関心を持っていた。だが、根本的には「総力戦研究所」の報告が実際の閣議で重要な検討資料として活用はされなかったのである。

孫武とクラウゼヴィッツはアプローチや叙述スタイルこそ異なるものの、十分な戦力の造成ができ、兵站を支えるだけの経済力を前提とした。陸軍もある程度そのことを認識した上で

「総力戦研究所」を立ち上げて、陸軍中将を所長に充てた。軍・官・民から人材を集めて総力戦の研究を始めるとすぐに現実に直面した。現状のまま（南方の資源地帯の確保がないまま）では、そもそも武力戦を長期間戦えるだけの国力がない。ゆえに、南方の資源地帯を占領確保するしかない。だが、南方を確保してもそこから石油などの戦略物資を必要な分だけ輸送を続ける見込みが立たない。したがって、日米が開戦すれば敗戦は必至となる。

これが基本的には「総力戦研究所」の研究報告の一部主旨であった。

†戦えない経済構造（貿易構造）

ここで、「青国政府」の研究生たちが苦悩した当時の日本の経済について軽く触れておきたい。

開戦直前、日本の経済構造・貿易構造はどのようなものであったか。日本は生糸を米国に輸出し、米国からは石油、機械類、くず鉄、木材パルプおよび綿花を輸入していた。これらの輸入品目は日本にとって、どれも欠かすことのできないものであった。特に綿花は貿易のメカニズムから考えると、外貨を獲得するための輸出品になる綿布（綿製品）をつくるための原料となり、重要な意味を持つ。綿製品を世界の市場に向けて輸出して外貨を稼ぎ、重工業に資するための戦略物資を輸入する。

戦略物資としては鉄鉱石・銑鉄・アルミニウム・亜鉛・鉛・生ゴム・羊毛、綿花などがあるが、鉄鉱石は英領マレー、シンガポール、オーストラリア、銑鉄はインド、アルミニウムはカナダ、亜鉛はオーストラリア、カナダ、鉛は同じくカナダ、綿花はインド。このように重工業物資の輸入については、主として英国の経済圏に依存していた。その重工業物資をもとに日本は工業製品（機械類）をつくり輸出し、中国からは農産物や食料、鉱物資源などを輸入した。

しかしこの経済構造・貿易構造には大きな問題がある。もし日本が米国に生糸を輸出することができなくなれば、つまり米国が生糸の輸入を拒否した段階で、日本は完全にお手上げの状態となる。米国は日本の生糸の輸入を中止してもさほど影響はないが、日本は生糸を輸出できなくなればたちまち外貨を得られなくなる。その点において、日本は圧倒的な弱みを持っていた。外貨を得られなくなれば戦略物資が買えなくなり、いままでの貿易が成立しなくなるため、南方の石油を獲りに行くしかないという論理になる。マクロの経済観点からすれば日本は非常に脆弱な貿易構造に置かれており、戦略物資については海外、特に米国・英国領などに大きく依存せざるを得なかった。

また、軍事費が国全体の経済のなかでどのくらいのウェイトを占めていたかについても軽く触れておきたい。昭和一二年（一九三七年）年に日中戦争が勃発して以来、陸軍は膨大な戦費を費やした。GDPという観点から見た場合、日本の経済は昭和一四年がピークでそれ以降は低下していく。明治二〇年（一八八七年）年以来、国家の直接軍事費・臨時軍事費を合計した額（軍事予算）はおおむね一般会計の三〜四割を占めており、戦時（日清戦争・日露戦争）はこれが九割にのぼることもあった。一般会計の三〜四割を軍事予算が占めるというのは、比重としてかなり大きい。なお、二〇一九年度の一般会計は約一〇一兆円だが、防衛予算はそのうち五兆円程度である。

これらの数字やデータは、森本忠夫の『マクロ経営学から見た太平洋戦争』（PHP新書、二〇〇五）を参考にしている。ここでは経済の観点から太平洋戦争（大東亜戦争）を読み解くという意欲的な試みがなされており、次のようなことが書かれている。

まず、日本海軍が中国大陸に臨時軍事費を投入する必要がまったくなかったと仮定する。海軍における中国戦線の構成比がなかったとすれば、インフレを考慮したとしてもトータルで一〇五億二六二六万になる。雲龍型空母（一万七一〇〇トン）の建造には一隻あたり八七〇四万かかるが、これだけあれば一〇〇隻ほど建造できただろう。もちろんそのためには資源を確保でき、なおかつそれをつくる能力があることが不可欠だが、海軍が日中戦争以降、中国戦線に足を取られていなければ理論上は一〇〇隻の空母の建造が可能であった。このような分析が学術的であるかどうかはさておき、非常に興味深いアプローチであることは間違いない。

†少数だけが知る石油備蓄量

また、総力戦研究所の「青国政府」の「内閣」が最後まで正確な数字を得られなかったデータに日本全体の石油備蓄量があった。民需用についてはデータを得られたが、軍需用については機密事項として陸海軍が開示を許さず、陸海軍出身者が研究生のなかにいるにもかかわらずつかめなかった。なお、これについては、実際の政府の大蔵省や企画院なども知らされていなかった。

昭和一六年八月一日、海軍軍令部・軍務局は、米国との戦争が行われた場合、その作戦に必要と考えられる石油の需給関係の見積もりを新たに作成した。それによると「一六年一〇月までに開戦しなければ、第二年目末には、決戦用の燃料にも事欠くことになりかねない」(『大本営海軍部大東亜戦争開戦経緯』より)となった。この計算に基づき、一〇月二三日の東條内閣と統帥部の初の連絡会議では、永野軍令部総長が「一時間ごとに四〇〇トンの石油が失われているので、急速に和戦のいずれか決めるというより、もはやこの段階では戦争の決意を決めなければならない」と発言した。

なお、昭和一六年の日本の石油生産量は米国の七二一分の一(日本・一九四万バレル／米国一四億バレル)程度で、これは日本の平和時の需要の一二％をまかなう程度であった。石油が足りていない認識に基づき、日本は可能な限りその備蓄に心を砕いた。

石油の備蓄が開戦前で最大量に達したのは昭和一四年であり、その量は五一四〇万バレル＝六四〇万トン（一バレル＝〇・一三五トン、一トン＝七・三九六バレル）だった。それをピークとして、その後は米・英・蘭の連合国による禁輸で次第に減っていった。この備蓄量は、現在の日本の消費水準からいけば一二日程度である。だが、当時に水準からすればこれで二年は持つと判断し、南方油田地帯を占領し、さらには人造石油（結局はものにならず）の生産なども含めて全体の需給バランスをとることができると目論んでいた。

史実としては開戦後、初期作戦が順当に進んだこともあり、南方油田地帯は予期された完全破壊を免れた。開戦前の昭和一五年、南方の原油生産量は六五一〇万バレルであった。開戦後、戦争の影響により操業度が低下するが、占領地ボルネオの製油所から原油を積載した船が日本に向けて出港したのは昭和一七年四月であった。昭和一七年の南方地域の原油生産量は二五九四万バレルとなり、そのうち四〇・五％が日本に輸送される。昭和一八年になると生産量は昭和一五年に比べてその七六％にまで回復し、四九六三万バレルにまで達した。

しかしながら、昭和一八年、日本に運ばれたのはその二九％程度に過ぎなかった。昭和一九年になるとその生産は急激に低下し、昭和一五年と比べると五七％相当の三六九三万バレルとなり、日本まで輸送されたのは一三・五％に過ぎなかった。昭和二〇年になると生産量は六五五万バレル程度にまで落ち、そのうち日本に運ばれたものはゼロとなった。

統計データによれば昭和一七年以来、南方地域で生産された原油のうち、同地域で消費されるか、または戦火で失ったものは、南方地域総生産量の実に七五％にまで達していた。つまり日本は南方地域を占領して、原油を手に入れること自体にはある程度成功したが、「青国政府」の研究生たちも真剣に考えたそれらを日本に運んで国力の造成に役立てることはほとんどできなかった。

†甘い見積もりの船舶需要と計画

その主たる原因は、もともと数が少なかった石油を運ぶ油槽船（タンカー）の喪失にあった。開戦当初、日本は五七万五〇〇〇総トンの油槽船を保有していた。急造したことで、昭和一八年には八三万四〇〇〇総トンまで増やし、そのうち四分の三は、南方からの石油の本土輸送に充当させた。しかし油槽船の喪失は昭和一七年の四〇七四トン、昭和一八年の三八万八〇一六トン、昭和一九年の七五万四一〇六トンと急激にその量を増やし、造船量をはるかに引き離していった。

資源にとぼしい日本にとって戦略物資を確保しようとすれば、占領を予定している南方地域から資源を輸送するための十分なトン数の船舶を常時確保しておく必要があった。当時、日本にとって、昭和一五年並みの国力造成ないし維持のための船腹の民需用（物資輸送用）必要トン数は、総保有トン数六一〇万トン（一〇〇トン以上の船舶）のうち、最低三〇〇万〜三五〇万トンと見積もられていた。しかし昭和一六年四月に作成された陸軍省戦備課の「国力判断報告」によると、開戦四カ月前の時点において陸海軍の徴用により民需用船舶は二二〇万トンとなり、必要トン数の七三％ないし六三％を満たす程度に過ぎなかった。

南方での作戦が遂行された場合、軍の徴用は陸軍一五〇万トン、海軍二〇〇万トンと見込まれた。そして、戦争第一年目において五〇万トン、第二年目においては七〇万トン撃沈されることが予想され、新造船を新たに組み入れたとしても、戦備課によれば作戦開始当初、民需用は約一三〇万トンにおちると計算された。その場合の輸送量は、製鋼原料と米の場合で所要量の八〇％、石炭、肥料、大豆、各種鉱石、綿花、塩の場合で四〇％、その他は一〇％程度を見込める程度になった。何とかして陸海軍の徴用を全体で三〇〇万トンにまで抑制できれば、製鋼原料と米は所要量の一〇〇％、重要物資は七〇％、その他は八％程度の輸送が可能と見積もられ、戦争の遂行が可能と考えた。ここから、陸海軍の徴用を合計で三〇〇万総トン程度におさえなければならないとの結論に達した。

だが、いざ戦争ともなれば、この作戦用の船腹需要は結果的には当初の見積もりや計画などをふっとばして膨れ上がる。一時は作戦のために船舶を取っても、作戦が短期に成功した暁には、すぐにでも陸海軍の徴用船を民需用へと転換できると考えたが、事実はまったくそうならなかった。

なお、先に触れたが、総力戦研究所の研究生たちは開戦後、こちらが沈められる船舶の見積もりを、実際の政府がたたき出した数字より厳しいものを出していた。予想される船舶消耗量は毎月一〇万トンで、年間にすると一二〇万トン。新たな造船を組み入れても、三年も経過すると全体の約三分の二が撃沈されると予想した。なお事実はより一層厳しく、開戦後、昭和一七年は八九万トン、昭和一八年は一六七万トン、一九年には三六九万トンに達し、日本の商船隊はほとんどすべてを喪失した（『日本商船隊戦時遭難史』より）。

†彼を知らず己を知らずの陸海軍

これ以上は詳細に入らないが、青国政府ではなく、実際の政府や統帥部の議論をさらにみていくと気づくことがある。南方の原油を、どれぐらい日本に輸送できるのかと客観的な可能性を探るところから議論が始まったものが、いつの間にか「日本が戦争を遂行するためには理論上どれだけの数字が必要か」に主軸が置かれて議論がすり替えられ、都合のいい数字に置きかえられる。閣僚レベルに数字が示される前の省庁の段階で「戦争をするために数字を何とかしなければいけない」という空気が醸成されていき、結果的には「これなら何とかなるだろう」

という甘い見積もりが出される。

特に開戦経緯では、こうしたことが多々見られる。船舶需要や軍の徴用などの甘い見積もりでは、陸海軍がそれだけの軍事的な勝利を順調に積み重ねていくことが前提になるが、ここでも夜郎自大的にその作戦能力や戦闘力を過信した。『孫子』のあまりにも有名な一文、「故に曰く、彼を知り己を知らば、百戦殆うからず。彼を知らずして己を知れば、一勝一負す。彼を知らず己を知らざれば、毎戦必ず殆うし」を引き合いに出すまでもないが、あまりに己に甘すぎたといえる。

『孫子』は「日に千金を費すは即ち内外の費にして、然る後に十万の師挙がる」と述べ、武力戦をするには莫大な費用が必要となり、経済的な観点をきちんと持たねばならないとした。クラウゼヴィッツは経済についてはあまり触れていないが、軍が求めるものは国から適切に与えられる前提で戦争論を展開している。

総力戦研究所の研究生たちは、比較的現実的に研究し、日米戦を行えば敗北という結論を出した。だが、実際に戦争指導をし、作戦を担う陸海軍となると、客観性を保たねばならないはずの数字・データのあつかいに対してご都合主義で甘いものとなった。これは外交と軍事の関係についてのところでも述べたのと、同じ構造の問題が浮かび上がる。

あまりにも自らの軍事能力を過信して、軍事にとって都合のよい形での資源や石油の確保できるのを戦略の前提とする。一方で、軍事にとって都合の悪い形で経済的な側面が浮かび上がる場合には、軍事を独立させて考え、予想される軍事的「成果」を過大に見積もり、そこで都合よくつくりあげた「成果」でもって、経済的な側面の不利をおぎなうのを可とするのが陸海軍の思考方式であった。『孫子』『戦争論』の視点からは、これは不可となるのはいうまでもない。

第二章

ミッドウェー作戦

ミッドウェー海戦、日本機の攻撃で煙を上げる空母ヨークタウン
(1942年6月5日撮影、毎日新聞)

1　合理的見積もり重視の『孫子』と合理性を欠く日本軍

†『孫子』『戦争論』の見積もりスタンスの違い

本章より『孫子』と『戦争論』の戦理を取り上げ、本格的にミッドウェー作戦について考え、軍事的な側面に切り込んでいく。昭和一六年一二月八日の真珠湾奇襲・マレー半島上陸作戦を皮切りに対米英蘭戦を生起させたが、日本がこの戦争をどのように終わらせるかというエンドステートの問題については、先に触れた「対米英蘭戦争終末促進ニ関スル腹案」があるのみであった。真珠湾奇襲自体についてはよく知られているので本書では取り扱わず、ここからはミッドウェー作戦について述べていく。

まず、本章で用いる『孫子』『戦争論』の視点の一つとして、武力戦の合理的見積もりは可能かどうかについて触れたい。『孫子』は合理的見積もりの可能性については肯定的に考えている。第一章の「ノモンハン事件」のところでも触れたが、武力戦が政治的目的を達成するための手段のひとつであるとすれば、その達成には目的と手段の慎重かつ継続的な相互関係が求められる。『孫子』は政治的・軍事的な要素を取り込んだ計算や見積もりの必要性を主張している。それは、今日の定義でいえば純合理的意思決定モデル（pure rational decision making model）に近い。

「兵法に、一に曰く度《たく》、二に曰く量、三に曰く数《すう》、四に曰く称《しょう》、五に曰く勝《しょう》」（軍形篇）
〈訳＝中国に伝わる過去の兵法書には、戦争、特に武力戦の基本的要素は、第一に空間〈度〉の考察であり、第二に物的戦力〈量〉の見積もり、第三に兵力量〈数〉の計算、第四にこれら三要素の比較〈称〉、第五に勝利の可能性〈勝―大戦略的な勝算、軍事戦略的な勝算〉の見積もりである、と書かれている〉

「地は度《たく》を生ず。度は量を生じ、量は数を生じ、数は称を生じ、称は勝を生ず」（軍形篇）
〈訳＝戦場の戦略的・戦術的な特性により、軍隊の兵力配備の大綱〈度《たく》〉が決せられ、この配備部署により、戦闘部隊の量が決まり、この戦闘部隊により、兵力数が見積もられ、これにより彼我《ひが》の相対戦闘力が比較考量〈称〉され、この判断の適切により勝敗が明らかになる〉

孫武はここで、戦争における見積もりの必要性を強調している。見積もりという言葉は、軍事の領域では割合頻繁に使われる（作戦見積もり、情報見積もりなど）。まず「一に曰く度」とは

「空間の考察」であるが、ここには時間軸も含まれる。そして「地は度を生ず」とは「戦場の戦略的・戦術的な特性により、軍隊の兵力配備の大綱が決まる」ということだが、これから触れる初期南方作戦以降の日本陸海軍は、いつどこを主戦場として戦うかについて意見が割れていた。

これは大戦略と結合していなければ決められないが、まず軍事・作戦戦略自体が曖昧であった。後ほど詳しく触れるが、昭和一七年三月七日に「今後採ルヘキ戦争指導ノ大綱」が出された。しかしこれは『失敗の本質』でもいわれるが、東條英機が「これでは意味が通じないではないか」と発言したように論理的な混同があり、そのベクトルが三方向に分裂しており、いかようにも解釈できるものであった。引き続き攻勢を継続するのか、それとも守勢に転ずるのか。どこを主戦場にするのかについてコンセプトが混沌としていた。

なお、孫武とクラウゼヴィッツはいずれも戦いにおける見積もりの必要性について述べているが、クラウゼヴィッツは孫武ほど見積もりに重きを置いていない。戦いについての正確な情報を得ることは難しく、武器などの有力戦力は数値化できるが、無形戦力（抵抗意思、指揮官の指揮統率能力、部隊の団結・士気・規律など）を数値化することは難しい。よって、戦争での合理的な見積もりはさほど簡単ではないというのがクラウゼヴィッツの基本的な考えとなる。ここでは、孫武がいう戦争における合理的な見積もりの基本になるのは度（空間・時間的な考察）であるが、これが十分に整理されているかどうかでその後の戦いが根本的に変わってくることを見ていく。

†十課長会議の三つの攻略案

ミッドウェー作戦が始まる前の段階において、日本の陸海軍の指導的立場にある者たちの間では何が話されていたのか。開戦からの半年間、ミッドウェー作戦までの日本は非常に勢いがあり、戦えば勝つという状況であった。初期の作戦はほぼすべて成功したが、それが終わった段階で日本の中枢では何が検討されていたのか。昭和一七年の初めに陸海軍が協同して「十課長会議」を行った。この会議は開戦以前から陸海軍の協同を円滑にする目的で開かれ、陸軍省の軍事、軍務、参謀本部の作戦、戦争指導、編制の五課長と、海軍のこれに対応する五課長で非公式に構成された協議体があった。この十課長会議でその後の戦争指導や戦略・作戦についての研究がなされた。

蘭領インドネシアやマレー半島攻略などの初期南方進攻作戦が終わった段階では次の作戦の構想自体が皆無であったが、この会議では第一案（ハワイ攻略）、第二案（オーストラリア攻略）、第三案（インド攻略）の三つが攻略案として出された。

第一案のハワイ攻略案は海軍が正式に提議したわけではなく、連合艦隊にそうした意見があるのを紹介した程度であった。この案の主旨はハワイを占領すること自体が目的ではなく、ハワイを攻略する過程で真珠湾攻撃の際に沈め損ねた米国太平洋艦隊の残存空母部隊をおびき出すことを見込んで、一気に撃滅をはかるものであった。この案に対して陸軍は反対した。

ハワイ攻略のためには莫大な船舶量が必要とされ、攻略しても、後にそれを保持するための補給が相当の負担を強いられる。加えて米国本土に近いのを考えれば、その保持は相当に難しいと考えられた。これは海軍としては正式な案ではなく、連合艦隊としては空母を早期に撃滅して真珠湾攻撃の戦果の拡大を目指したが、国力がそれを許す状態にはなかった。ただ、こうした積極的な考え方が後のミッドウェー作戦につながっていく。

第二案のオーストラリア攻略、第三案のインド攻略は、やはり海軍が力説した案であった。海軍はオーストラリア攻略を強く主張し、それが難しければインド攻略の実行を主張した。海軍の軍務課長石川信吾などは、最も積極的にそれを主張した。戦争指導や軍事戦略という次元からみて、米国の総反攻の拠点となりうるオーストラリアを攻略することができれば有利になるに違いないが、そのためには最低でも一二個師団と、それを運ぶための一五〇〇万トンの船舶が必要となる。日本が開戦時に保有していた船舶は六一〇万トンほどだったが、そのときにはすでに三〇〇万トン以上が軍に徴用されていた。オーストラリアを攻略するために一五〇〇万トンが追加で徴用されてしまえば、民間の需要を満たす船舶が不足してしまう。

第三案のインド攻略は英国とインドの連絡を遮断してインドを大英帝国から脱落させ、英国に圧力を与えてそこから戦争終結を狙う構想に基づくも、これもまた莫大な兵力と船舶が必要とされ実行は不可能であった。海軍のこれらの主張に対して、陸軍はことごとく反対する構図で会議は一週間あまりに及び、そのなかからやがて妥協案が出てきた。

米国の総反攻の拠点になるオーストラリアを攻略できなくとも、米国とオーストラリアを遮断（米豪遮断）するのは重要であり、それだけであれば比較的投入される兵力や船舶も少なくなり、ニューギニアの南岸にあるポートモレスビーの攻略、フィジー、サモア、ニューカレドニアの攻略については陸軍も同意した。陸軍と海軍のこうした対立は、絶対攻勢を思想の根底に置く海軍と、長期持久を考える陸軍が協同していく難しさを浮き彫りにした。

†玉虫色の「今後採ルヘキ戦争指導ノ大綱」

この十課長会議でまとめられた素案は、陸海軍の両作戦部長と両軍務局長会議で調整されることになり、三月七日の大本営連絡会議によって「今後採ルヘキ戦争指導ノ大綱」として以降の戦争指導は決定した。

一．英を屈服し米の戦意を喪失せしむる為引き続いて既得の戦果を拡充して長期不敗の政戦態勢を整えつつ機を見て積極的の方策を講ず。

二．占領地域及び主要交通線を確保して国防重要資源の開発利用を促進し自給自足の態勢の確立及び国家戦力の増強に努む。

三．一層積極的なる戦争指導の具体的方途は我国力、作戦の推移、独ソ戦況、米ソ関係、重慶の動向等諸情勢を勘案してこれを定む。

四．対ソ方策は昭和一六年一一月一五日決定「対米英蘭蔣戦争終末促進に関する腹案」及び昭和一七年一月一〇日決定「情勢の進展に伴う当面の施策に関する件」に拠る。但し現状に於いては独ソ間の和平斡旋はこれを行ず。

五．対重慶方策は昭和一六年一二月二四日決定「情勢の推移に伴う対重慶工作に関する件」に拠る。

六．独伊との協力は昭和一六年一一月一五日決定、「対米英蘭蔣戦争終末促進に関する腹案」の要領に拠る。

この大綱が決められる討議の場で陸海軍の将帥たちはどのような発言をしていたのか『大東亜戦争全史』（服部卓四郎）から引用すると、次の記録が残されている。

「さて前記戦争指導大綱の第一項は、その趣旨が極めて不明確なものとなってしまった。これは正に陸海軍間の基本思想の相違の所産であった。3月7日の討議において、賀屋蔵相が、「既得の戦果を拡充して」とは如何なる意味かと質問したのに対し田辺盛武参謀次長は、これは補備的な作戦を意味するもので、国力に大なる影響を及ぼすほどのものではないと答え、又第一項末尾の「機を見て積極的の方策を構ず」の意味に関し、武藤陸軍軍務局長よりこの意味は第三項の「一層積極的な戦争指導の具体的方途」をも含むものと解する旨の発言があったのに対し、田辺参謀次長は、これは積極的意気込みを表現したのみで、実際やることは第三項を含まない意味であると主張した。陸軍の第一項についての主眼は「長期不敗の政戦態勢を整えつつ」の字句にあったのである。

然るに岡海軍軍務局長は、第一項に関し、我にして守勢に立てば、敵のため却って攪乱せられるに至るべく、敵をして守勢に立たしめることが肝要である旨を強調し、海軍としては次の如き考えを持っていると述べた。

1　海軍を以て敵の海上兵力を撃滅する。

2　敵の反攻拠点を覆滅する。

3　枢軸側の結束を固め敵を各個分撃する。各個分撃の目標は重慶、英、米である。

（中略）

右に関し永野軍令部総長が、陸軍側は岡軍務局長の意見に同意なりやと質したところ、田辺参謀次長は、説明の順序はどうかと思うが大体の趣旨には異存ないと答えた。海軍の第一項についての主眼は「既得の戦果を拡充して」「機を見て積極的の方策を構ず」るにあったのである。

以上の如き討議に徴し、東条首相はいずれにしても意味が通じないではないかと発言した(以下略)。」

つまり、この大本営政府連絡会議で決定された「今後採ルヘキ戦争指導ノ大綱」とは、陸海軍の統帥が両者の妥協の産物であり、一貫性、整合性を持たなかった。第一項の「英を屈伏し、米の戦意を喪失せしむる為、引続き既得の戦果を拡充して、長期不敗の政戦略態勢を整えつつ、機を見て積極的の方策を構ず」だけをとっても、海軍が従来からの主張である戦果の拡充と積極攻撃による先制攻撃を主張したのに対し、陸軍は南方資源の確保によって長期持久戦の態勢の確立を考えた。これはそれぞれの主張を混同した妥協的折衷案であり、東條が「いずれにしても意味が通じないではないか」と発言したのも無理はない。

「今後採ルヘキ戦争指導ノ大綱」により、論理的には不明瞭なものが成立してしまった。日本は今後、よりアクティヴかつアグレッシヴな戦略を取っていくのか。それとも初期南方進攻作戦の戦果を確実に掌握して、攻勢から戦略的な守勢に転じるべきなのか。この概念整理が中途半端で、陸軍・海軍ともに基本的な情勢認識に大きな乖離が生じたまま、整合性を取ることができなかった。そうしたなかで突出してきたのがミッドウェー作戦構想だった。このミッドウェー作戦に入る前に、陸軍と海軍がこのような思考の対立を生じさせた、その背景にいま少し触れておきたい。

†陸軍の伝統と海軍の想定

日本陸軍・海軍、あるいは連合艦隊は大東亜戦争における主戦場について、どのように考えていたのか。昭和一六年一二月八日の開戦時、初期南方進攻作戦において陸海軍は大東亜戦争の歴史のなかでは珍しく、見事な共同作戦を実現させる。だが、伝統的に主戦場についての考え方は両者で大きく異なっていた。

陸軍は伝統的に対露・対ソ重視であり、太平洋への関心（太平洋における島嶼作戦）はほとんどなかった。陸軍は依然として北方の対ソ防衛の最前線・満州重視であったが、昭和一二年に盧溝橋事件をきっかけに支那事変が勃発すると、俗にいう戦争目的を確立することができないまま泥沼に足を突っ込んでしまう。盧溝橋事件が勃発した当時の作戦部長、石原莞爾《いしわらかんじ》少将は「現地解決、不拡大。もし支那大陸における戦に巻き込まれるとすれば、泥沼に足を取られてついには抜けなくなる恐れがある」と警鐘を乱打したが、四年間戦ってその通りになり、その後、陸軍が予想すらしていなかった太平洋正面の戦いに巻き込まれた。

一方で海軍は伝統的に太平洋正面を縄張りとしており、ここでは日露戦争における東郷平八郎大将の日本海海戦がひとつのロールモデルとなっていた。こちらから攻めていくのではなく、バルチック艦隊がやってくるのをじっと待つ。つまり待って後に討ち、艦隊決戦至上主義で邀《よう》撃《げき》作戦に特化していた。そのため、後に太平洋正面で直面することになる米国側の水陸両用作戦様相（陸海空の統合戦力で島伝いに蛙飛びで日本本土に迫ってくる作戦）は、海軍・陸軍ともに予期していなかった。

また肝心の石油を蘭領インドネシアで確保しても、日本の本土に持ち帰り、国力戦力に転化するためには船で運ばねばならない。いまでいうシーレーン防衛が非常に重要であったが、通商航行破壊作戦という米国側の作戦について鈍感であった。海軍は太平洋正面を自分たちの縄張りとし、陸軍がこれに口を差し挟むことを好まず、海軍自身も作戦様相を見誤り、後に通商破壊戦・水陸両用作戦で大きな打撃を受けた。

†陸海軍の分裂した三つの作戦ベクトル

初期進攻作戦には陸海軍共同で行う南方資源地帯の攻略作戦、海軍独自の対米邀撃作戦、連合艦隊が独自に企画立案した積極進攻作戦という三つの柱がある。陸海軍共同で行う南方資源要域の攻略作戦自体はまれに見る成功といえるが、海軍は独自に対米邀撃作戦と積極進攻作戦の二本立てで行うことを迫られていた。対米邀撃作戦とは海軍軍令部を頂点とするほとんどの海軍の提督たちが考えていた作戦構想であり、積極進攻作戦とは海軍の異端児ともいえる山本五十六の個人的な発意によって行われた真珠湾攻撃などを指す。

この三本柱で初期進攻作戦は行われたが、それが終了した後の第二段作戦の方針については事前に検討されていなかった。陸軍は戦略守勢により長期持久の態勢を確立しつつ、依然として支那事変の処理を最優先としていたのが実態であった。

海軍軍令部は日露戦争以後、三七年間にわたり営々と築き上げてきた対米邀撃作戦思想に基づく艦隊決戦による長期決戦を追求する。長期決戦といっても、海軍には陸軍のような持久戦という考え方はない。海軍は邀撃作戦に特化しているため、米国太平洋艦隊がこちらの望む時期に出てきてくれなければ艦隊決戦は生起しない。実際にはいつ出てくるかは米国次第であった。軍令部総長・永野修身大将は「米国の太平洋艦隊が出てきた時が決戦の時期である」とし、艦隊決戦による長期決戦を追求していた。これが日露戦争以降の日本海軍の実態であった。

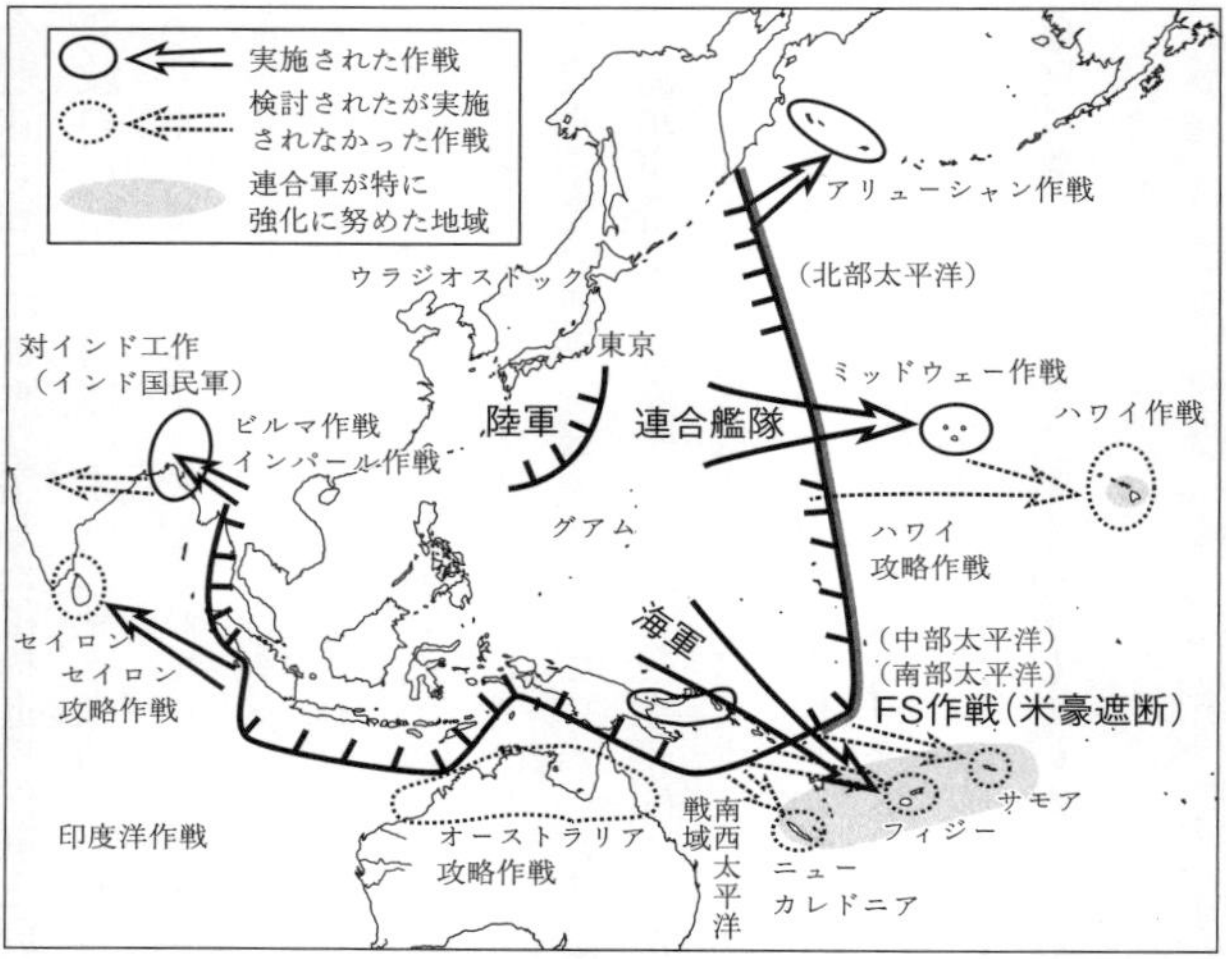

図４　「今後採ルヘキ戦争指導ノ大綱」（１回目）の図解
（桑田悦、前原透共編『日本の戦争』原書房より）

山本五十六が推し進めた「短期決戦」

　これに対して異を唱えたのが山本である。彼は長期決戦では日本の国力が耐えられないとし、航空決戦による短期決戦を提唱したが、この考え方を永野に対して説得する努力をした形跡はまったく見当たらない。

　こうした背景から、さきに触れたように初期進攻作戦が終了すると攻勢・守勢論争が起こり、ハワイ攻略案、オーストラリア攻略案、インド攻略案が検討される。激論を重ねてそれは現実的に実行不能という結論に達し、昭和一七年三月七日、先に述べた南方進攻作戦の最終目標であるオランダの植民地・ジャワ島を占領したのと時を同じくして「今後採ルヘキ戦争指導ノ大綱」が決定された。

図4の地図を参照されたい。「陸軍」と示されたものが、「長期不敗ノ政戦態勢ヲ整ヘツツ」のテリトリーとしている地域である。また「海軍」の矢印は豪州の北側(ニューギニア、ニューカレドニア、フィジー、サモア)に伸びているが、海軍は「既得ノ戦果ヲ拡充シ」、米国太平洋艦隊との決戦海域をなるべく前方に出したい。明治以降、決戦海域は初期の段階では小笠原近海、マリアナ近海、マーシャル近海にあったがこれを逐次前方に出し、なるべく日本本土から離れたところでの決戦を考えた。しかしこれは米国が自ら出てきてくれないと実行できないため、長期決戦にならざるを得ないと考えていたようである。

これに対して「機ヲ見テ積極的ノ方策ヲ構ス」の「連合艦隊」は別の矢印である。英国のホレーショ・ネルソン率いる無敵艦隊はグランド・フリート(Grand Fleet)と呼ばれており、日本ではこれに倣い、連合艦隊をGFと呼んでいた。戦時中は英語を使わないことになっていたが、海軍は伝統的にGFの呼称を用いていた。

「今後採ルヘキ戦争指導ノ大綱」は「戦争指導構想」ではなく実際には「武力戦指導構想」であったが、武力戦について陸軍は長期持久戦、海軍軍令部総長の永野は艦隊決戦による長期戦、連合艦隊司令長官の山本は航空決戦による短期決戦と考えたそれぞれ同床異夢で三つのベクトルに分裂したままであった。これは「軍事力の統合構想」ではなく、陸海軍の異なる武力戦指導構想を三論併記した折衷案文であり、当然のことながら陸海軍の統合（共同）というコンセプトは皆無であった。

一方の米国は、戦争勃発前から陸海軍の統合をしていた。米国空軍ができたのは第二次世界大戦以降だが、当時の陸軍航空部隊などを含めて統合作戦委員会をつくり、統合というコンセプトに基づき水陸両用作戦、俗にいう蛙飛び作戦を遂行した。後に触れるガダルカナルの戦い以降、沖縄に至るまで彼らは一八の島々で、日本陸海軍がまったく予期せぬ陸海空戦力を統合した水陸両用作戦を展開してきた。

†「ハワイ攻略」代替案のミッドウェー作戦

さきにも触れたように、陸軍は資源を確保したうえで長期持久戦を志向していた。一方で海軍にはそもそも持久戦という考え方がないため、長期決戦を志向していた。海軍軍令部の艦隊決戦による長期決戦はMO作戦（ポートモレスビー作戦）とFS作戦（フィジー・サモア作戦）、ニューカレドニア作戦である。これらの作戦は豪州攻略を断念した後、米豪連絡遮断を企図して構想された。これに対して連合艦隊を率いる山本は長期決戦を不可能と考え、航空決戦による短期決戦を志向してハワイ攻略を提案するが認められず、MI作戦（ミッドウェー作戦）という案が創出された。

太平洋正面ではポートモレスビー作戦、フィジー・サモア作戦、ミッドウェー作戦の三つがクローズアップされるが、陸軍側はこれらについてほとんど事前に知らされることはなかった。ただミッドウェー作戦では、後にガダルカナルで第一回総攻撃を行った一木《いちき》支隊を連合艦隊の指揮下に入れている。ポートモレスビー作戦、フィジー・サモア作戦はほぼ海軍独自で計画した。

三月七日の「大綱」で海軍は豪州攻略作戦を断念し、米豪遮断作戦を決定する（東部ニューギニア・フィジー・サモア）。そして四月には海軍第二段作戦計画を行う。これは米豪遮断のFS作戦（フィジー・サモア作戦）を遂行するため、フィジー・サモアと日本海軍の最前線航空基地があるニューブリテン島ラバウルのちょうど中間にあるガダルカナルに航空基地をつくるというアイデアであった。この時期はまだミッドウェー海戦は行われておらず、太平洋正面においては日本海軍が米国太平洋艦隊を圧倒しており、フィジー・サモア作戦はそのような状況下では成立し得たであろう。

しかし昭和一七年五月四〜八日の珊瑚海海戦により、海軍はポートモレスビー作戦（海路からニューギニア南東部の要衝ポートモレスビーを攻略する作戦）を断念せざるを得なくなった。珊瑚海海戦は戦術的には日本側の勝利であると海軍は自賛していたが、海上経由でポートモレスビー作戦を行うのを断念したという意味では失敗であった。海軍はここで珊瑚海海戦の教訓を抽出する必要があったが、それは実際には行われなかった。そして珊瑚海海戦からちょうど一カ月後、六月五日にミッドウェー海戦が生起した。

2 「力」「空間」「時間」の戦理

†『戦争論』の「力」——兵力の優勢

ここでは主に作戦戦略の基本となる三つの要素（力・空間・時間）という観点から『孫子』『戦争論』のポイントを取り上げ、ミッドウェー作戦を考えてみたい。力とは「敵を打破する基礎要素」、時間とは「時機及び明暗、寒暑、晴雨等の天然現象、空間とは「地形の特性等の自然現象と広さ及び態勢」を指す。そして科学技術の発達した現代においても、依然としてこれら三要素の関係は存在している。この三要素のなかで人智と人力によって最も容易に変えることができるものは力であり、戦いにおいて最も着目すべき要素として現代の軍隊などでも教えられることが多い。

まず一つ目のポイントである「力」について取り上げたい。孫武とクラウゼヴィッツは武力戦に際して、可能な限り最短での大勝利を追求している。そして全体的な兵力数の優勢、あるいは決定的会戦における敵に対する絶対的兵力数の優勢は、大勝利を獲得するための条件であるとする。『戦争論』はこれについては次のようにいう。

「戦力の優越は、戦術においても、戦略においても、勝利のための一般的な原則であり……」(『レクラム版』二〇一頁)

「戦力の優越は、戦闘の結果にとってもっとも重要な要因であり……このことから直接導き出される結論は、戦闘における決定的な地点にできる限り大きな戦力を集中しなければならないということである」(『レクラム版』二〇二頁)

「したがって、第一の原則は、できる限り大きな戦力の軍隊を戦場に向かわせることである。これは、まったく常識のように聞こえるかもしれないが、事実はそうではないのである」(『レクラム版』二〇三頁)

「最良の戦略は、常に強大な戦力を保有することであり、まず一般的な優勢を獲得し、それが不可能な場合でも決定的な地点における優勢を獲得しなければならない。……彼の保有す

る戦力を集中させておくということ以上に重要で単純な戦略上の原則はない」（『レクラム版』二〇九頁、傍点原文）

「われわれが近代戦史を偏見なく考察するなら、兵員数の優越が日ましに決定的重要性をおびてきていることを認めざるを得まい。それゆえ、決定的戦闘には可能な限りの兵員数を動員せねばならないという原則を、今日われわれは以前にもまして確認しておかねばならないのである」（『戦争論』上巻、四一六頁、中公文庫）

クラウゼヴィッツは絶対的な兵力数の優勢を強調しつつも、武力戦の上で重要なのは全体でみたときの絶対的な兵力数ではなく、むしろ決定的会戦や交戦地点における相対的な兵力数の優勢であるとする。

こうした考えからは、仮に絶対量的に劣勢にはあるが、優れたリーダーシップにより率いられた軍隊では勝利の可能性を見出すことができる。

そして、実際に交戦が行われる時点・地点に相対的な兵力数の優勢を確保できるのは、疑いなく軍事的天才の高度な功績として位置づけられる。

「それゆえ最高司令官に残されたことは、巧みな兵力の利用によって、絶対的優位が得られない場合でも、決定的な瞬間には相対的優位を作り出すべく努めることである」(『戦争論』上巻、二八一〜二八二頁、中公文庫)

†『孫子』の「力」——兵力の優勢

『孫子』もまた同じような考え方を展開している。

「故に、人を形《かたち》して我に形無ければ、則ち、我は専《もっぱ》らにして敵は分かる。我は専らにして一と為《な》り、敵は分かれて十と為らば、是れ、十を以て其の一を攻むるなり。則ち、我れは衆《おお》くして敵は寡《すくな》し。能《よ》く衆を以て寡を撃てば、吾れの与《とも》に戦う所の者は約なり。」(虚実篇)

〔訳＝我が軍の兵力配置は完全に秘密にして、敵を我が思うように展開させることができるならば——敵の兵力展開の状況が浮き彫りになるならば——我が軍は企図する要時要点に兵力を集中することができる。一方、敵は多方面に兵力を分散配置せざるを得なくなる。敵が兵力を分散し、我が軍は主動的に要時要点に兵力を集中できるので、我が軍は総力を挙げて敵の一部を攻撃できる。すなわち、我が軍は企図する要時要点において相対的な戦力の優越を期することができる。したがって、もしも我が軍が、自ら選んだ戦場で、弱小の敵戦力を

大戦力で攻撃できるのであれば、我が軍と対戦する敵は完膚なきまで各個撃破されるであろう〕

†『孫子』の「空間」――戦場の選定条件

このように『孫子』『戦争論』はともに要時要点における相対的な兵力の優勢確保を重視している。二つ目のポイントには「空間」という要素が大きく絡むが、決戦を企図する戦場を敵にわからせてはならない。これは軍事戦略・作戦戦略レベルにまたがるポイントになる。『孫子』はいう。

「吾れの与《とも》に戦う所の地を知るべからず。知るべからざれば、則ち敵の備うる所の者は多し。敵の備うる所の者の多ければ、則ち吾れの与に戦う所の者は寡《すくな》し」（虚実篇）

〔訳＝我が軍が、決戦を企図する戦場を、敵に知らしめてはならない。敵が決戦場を解明できなければ、敵は多くの要域に備えざるを得なくなる。もしも、敵が多方面に兵力を分散配備するならば、我が軍が決戦を企図する方面に配備される敵兵力は相対的に僅少ということになる〕

「寡き者は、人に備うる者なり。衆《おお》き者は、人をして己に備え使《し》むる者なり」(虚実篇)

〔訳＝戦力を多方面に分散配備し、至る所に戦力不足が生じれば、敵に対する態勢が受身になってしまう。一方、優勢な戦力を狙った時機・場所に自由に集中できれば、敵に受身を余儀なくさせることができる〕

「故に、戦いの地を知り、戦いの日を知らば、則《すなわ》ち、千里にして会戦すべし。戦いの地を知らず戦いの日を知らざれば、則ち、左は右を救う能わず、右は左を救う能わず、前は後ろを救うあたわず、後ろは前を救う能わず、而《しか》るを況《いわ》んや、遠き者は数十里、近き者も数里なるをや」(虚実篇)

〔訳＝したがって、決戦すべき戦場と時機を事前に洞察できれば、千里も先の遠隔の戦場に、戦力を集中させることも可能である。しかし、決戦の戦場と時機を事前に判断できなければ、敵軍に主動権を握られて、左翼は右翼を、右翼は左翼を相互に掩護できず、第一線(前衛)は後方(後衛)を、また後方は第一線を、相互に掩護することが不可能となる。このようていたらくであれば、身方の各部隊が千里といわず数十里四方に展開している場合でも、否、たとえそれがたった数里四方であっても、支離滅裂の状態となることは避けられない〕

「途《みち》には由らざる所あり、軍には撃たざる所あり、城には攻めざる所あり、地には争わざる所あり」（九変篇）

〔訳＝軍隊には、通ってはならない道がある。（放置しておくべき）攻撃してはならない敵がある。（監視するだけに止め）攻囲してはならない城塞都市がある。争奪の目標としてはならない土地がある〕

「敢《あ》えて問う、敵、衆にして整えて将《まさ》に来らんとす。之を待つこと若何《いかん》。いわく、先ず其の愛する所を奪わば、則ち聴かん、と」（九地篇）

〔訳＝呉王・闔閭《こうりょ》の「隊容整然とした敵の大軍が侵攻してきた場合には、どのように対処すべきであろうか」という下問に対して孫武は、「敵が執着している核心的利益を奪えば、敵を意のままに動かすことができるでしょう」と応答した〕（其の愛する所→戦略・戦術上の要点）

†『孫子』の「時間」――武力戦と速度

そして最後に、時間という要素からは次のことがいえる。『孫子』の「兵は拙速を尊ぶ」という言葉もあるように、戦争全体の視座からは長期戦を回避することを第一原則として考えている。また、武力戦においては速度を重視している。『孫子』はいう。

「其の戦いを用うるや、勝つことを貴ぶ。久しければ、則ち兵を鈍らし鋭を挫き、城を攻むれば則ち力屈す」（作戦篇）

〔訳＝勝利こそが武力戦の第一目標である。武力戦が長期化すれば、装備兵器等は損耗し、第一線部隊の将兵の戦力は減耗し、士気は低下する。城攻めの頃には、その戦力は尽き果てているだろう〕

「故に、兵は拙速を聞くも、未だ巧の久しきを睹《み》ざるなり」（作戦篇）

〔訳＝したがって武力戦においては、戦果が不十分な勝利であっても速やかに終結に導くこと（拙速）で戦争目的を達成したという話は聞くが、完全勝利を求めて武力戦を長期化させて結果がよかったなどという例は、いまだかつて見たことがないのである〕

「兵の情は速《すみ》やかなるを主とす。人の及ばざるに乗じ、虞《はか》らざるの道に由り、其の戒《いまし》めざる所を攻むるなり」（九地篇）

〔訳＝速度こそが戦に勝つための戦略・戦術的な秘訣である。敵の不備を衝け。敵が予期しない接近経路から、警戒の不十分な弱点を急襲せよ〕（兵の情→戦略・戦術の本質）

3　ミッドウェー作戦検証

†検証①「力」――自ら空母分割と戦力分散

これら三つのポイントを踏まえ、ミッドウェー作戦について総合的に考えてみたい。三つのポイントのひとつ、「力」について言えば日本海軍は本来、ある種の相対的な優勢については確保できるものであった。しかしながら、現実はそうしなかったのがミッドウェー作戦であった。

ミッドウェー作戦は目的・目標が中途半端で混同していたのが作戦失敗の原因というイメージを持たれることが多い。『失敗の本質』では冒頭で、ミッドウェー作戦を海戦のターニングポイントとしており、この作戦を「作戦目的の二重性や部隊編成の複雑性などの要因のほか日本軍の失敗の重要なポイントになったのは、不測の事態が発生したとき、それに瞬時に有効かつ適切に反応できたか否か、であった」としている。

先にもみたように、日本は初期南方進攻作戦が成功した段階で陸海軍の作戦戦略について十分な調整もせず、海軍内においても艦隊決戦による長期決戦を企図する軍令部と、航空決戦による短期決戦を企図する連合艦隊との間ですら十分な調整を行わずに、現実の作戦へと突き進んだ。そしてそれ以降の戦争の方針については、陸軍と海軍の合意も玉虫色の代物であった。そのなかで山本が軍令部を押し切ったのがミッドウェー作戦であった。

この作戦はミッドウェー島を攻略することで米空母部隊の誘出を狙い、これを捕捉撃滅するものであった。日本海軍はミッドウェーの奇襲攻略は可能と判断し、これに応じて出撃してくるであろう米空母部隊を捕捉撃滅するのは、当時の戦力バランスからみて難しくはないと考えた。ミッドウェー攻略作戦と同時にアリューシャン列島攻略作戦もあわせて行われることになったため、これらの作戦のためには連合艦隊の持つ決戦戦力のほとんどすべてが動員された。そのために北太平洋から中部太平洋におよぶ範囲で、山本のもとに艦船にして約二〇〇隻、航空機七〇〇機が、主力部隊、攻略部隊、機動部隊、先遣部隊、基地航空隊、北方部隊など複雑多岐な編成となり、その乗員や将兵は一〇万に及び、それぞれが分割され広範な海域に展開した。

当時の太平洋正面では、連合艦隊の戦力はその絶対量でみれば日本が優勢であった。本来その展開の仕方次第では、決勝点において十分に相対的に優位な戦力を結集することができたはずだが、海軍はミッドウェー島を攻略する第一機動部隊、アリューシャン列島を攻略する第二機動部隊に戦力を分割し、空母も結果的に四隻と二隻に分散させた。日本海軍は第一機動艦隊の四隻でもってミッドウェー島攻略に臨んだ（なお真珠湾攻撃の際には、日本海軍は六隻の空母で臨んでいる）。

†作戦目的にまったく貢献しなかったアリューシャン作戦

米海軍は、もともと日本に対する作戦方針として、その主力艦隊を西太平洋に進出させて艦隊決戦を行う計画をもっていた（米海軍は真珠湾攻撃を受けるまで、航空決戦の重要性を理解していたわけではない）。だが、第二次世界大戦の最中では大西洋と太平洋の二正面に対応を迫られており、加えて、真珠湾攻撃を受けたことで空母を除く艦隊戦力の被害が大きく、太平洋正面において日本に対してすぐに積極的な作戦をとるのは難しかった。

ミッドウェー作戦当時、米海軍は開戦後に大西洋から回航させた一隻を加え、太平洋に四隻の正規空母を持っていた。だがそのうち、空母「サラトガ」は米西海岸で訓練中であり、空母「ヨークタウン」は珊瑚海海戦においてダメージを受けて応急修理のみで戦列に復帰させており、無傷なのは「エンタープライズ」「ホーネット」の二隻のみで、損傷を受けている「ヨークタウン」を加えて三隻の空母で日本海軍と対峙する格好となった。

米海軍は三隻であるから、日本軍のほうが相対的には優位との見方もあるが、不沈空母たるミッドウェー島の航空基地には飛行機が多数駐機しており、この基地戦力を勘定に入れれば数字の上で戦力が逆転され、現実には米軍が航空戦力の上では優勢であった。

山本は米空母の誘出撃滅を企図して軍令部の反対を押し切ってミッドウェー作戦を強行したが、その作戦目的に何ら寄与する可能性のないアリューシャン作戦を同時に行ったのはなぜだったのか理解に苦しむ。彼は決戦を追求したが、相対的な戦力を優勢にさせるためその集中にどこまで真摯に努力したかは大きな疑問である。

ちなみに、クラウゼヴィッツは『戦争論』の第一篇第一章で、「決戦」はなかなか生起しないと述べている。それは戦争というものはたった一回の戦いで終わるものではないから、敵・味方ともに一定の所要戦力を残しておいて次回以降の決戦に備える。その観点からすれば、大決戦というのは観念の上（想像の上）ではともかく、現実的に行うのは容易ではない。しかしながら、山本は手持ちの連合艦隊のほぼすべての戦力を決戦につぎ込む構想を立て乾坤一擲の勝負に出たものの、なぜかアリューシャン方面とミッドウェー方面に戦力を分散する決定をした。これにより相対的に優勢に立てるはずの戦力を集中させずに、壊滅的敗北を自ら招いてしまった。こうした点からは、力で相対的に優位に立てるチャンスを自らふいにしたといえる。

早い段階で米国太平洋艦隊の残存空母部隊を撃滅してしまう狙いは純軍事的、あるいは作戦戦略的には間違ってはいないが、わざわざミッドウェーという要域に出向いて戦うということがそもそも大戦略・軍事戦略的に有効であったかを考えるのがひとつの要点になってくる。

†検証②「空間」──軍事戦略と作戦戦略の不調和

「空間」の観点からはミッドウェー島を攻略対象とし、米海軍の空母を誘出させて撃滅する発想が適切であったかどうかという問題がある。『孫子』は、先に引用したが「先ず其の愛する所を奪わば、則ち聴かん、と」し、核心的利益を突けばそこに敵を誘出できるとする。これは用兵の原則論としては間違っていない。

だが、こちらがある場所を敵の核心的利益と見積もっても、敵が必ずしも同程度に核心的利益とするとは限らない可能性はある。『失敗の本質』では、「ミッドウェーは、米国の太平洋における防衛拠点として絶対に手放すことのできない戦略的要点であった。このため、ニミッツ司令長官は、これまで最下位に近かったミッドウェーに対する補給優先順位を最優先として、急遽ミッドウェーの守備兵力を増強し防備の強化に努めた」とした。

しかし、広大な米国本土と米国が自由にできる西太平洋などの縦深性を考慮すれば、ミッドウェーが戦略的要点といっても温度差があったことは否めない。山本はハワイ攻略を断念した後、次善の策として、「其の愛する所を奪わば」とミッドウェーを攻略すれば、必ず米海軍を誘出できると考え、事実そうなった。ただ、一方の米海軍もまた準備万全ではなかったといえ、戦略的要点のミッドウェーを半ば撒き餌のごとく使い、日本海軍をその周辺に呼びよせた形で戦いを挑む格好になったともいえる。

『孫子』では「吾れの与に戦う所の地は知るべからず」とし、決戦場所を知らせてはならないとしているが、日本海軍は通信保全（暗号を解読されていたことなども含め）の失態により、自らこの場所を暴露してしまっていたのはあまりにも有名である。

なお、ミッドウェー島の攻略とはいいつつも、その攻略のための陸軍戦力は、後にガダルカナルの戦いで投入される一木清直大佐を長とする一木支隊三〇〇〇名を準備したのみだった。

†一時攻略と永久占領の違い

この程度の兵力では占領をして米軍施設の一時破壊は可能でも、そもそも長期間占領は不可能（その企図もなかった）であった。仮に長期占領を試みても国力や輸送力から補給が続かず、保持が難しかった。『孫子』の「まず、其の愛する所を奪わば」といっても、一時的に占領する程度の力なのであれば（放置しておいても自然撤収せざる得ない）、敵がどの程度その核心的利益に対して脅威を感じるものなのか、改めて考える必要はある（必ずしも敵がそのことを看破しているとは限らないが）。

繰り返しになるが、『失敗の本質』にもあるように、山本は米国との国力差から絶対に長期戦に引き込まれてはならないとし、それまでの軍令部の首脳が主張していた漸減邀撃作戦の思想では、長期戦に引き込まれるリスクを避けられないと考えていた。攻撃の時機や場所を自主的に決めて来攻できる優勢な米国に対して、劣勢な日本が受身に立っては勝ち目がない。劣勢な日本海軍が米国海軍に対して優位に立つためには、リスクをおかしてでも奇襲によって主動的かつ積極的な戦いを行い、その後も攻勢を持続し敵を守勢に追い込み、「米国海軍および米国民をして救うべからざる程度にその士気を阻喪せしめ」るほかないとしていた。

しかしながら、これまでみたように、山本は相対的な戦力で優位に立つことに失敗し、戦場の設定には、作戦行動の自由が制限される日本から遥かに離れたミッドウェーを設定したことで失点を重ねた。

†検証③「時間」――短期戦とエンドステートの乖離

では三つ目のポイント、時機や時間軸の点からはどのようなことがいえるだろうか。先に引用した『孫子』に「久しければ、則ち兵を鈍らし鋭を挫き」「兵は拙速を聞くも、未だ巧の久しきを……」「兵の情は速やかなるを主とす……」とあるように、孫武は可能な限り長期戦を避け、短期で武力戦を終わらせるべきとの思想に立つ。そして、そのために敵地の奥深く入り込み、敵の主戦力を一気に撃滅するのを推奨している部分がある。この点から、山本の短期戦を是として一気呵成に片をつける思想は正しいのかといえば、『孫子』的な視点からは次の点が留意されなければならない。

まず短期戦を追求し、敵地の深く入り込み敵の主力を撃破撃滅できたとしても、その軍事的成果をもって速やかに武力戦の終結への道筋をつけられるかどうかという問題がある、しかし山本はミッドウェー作戦が成功して、米国空母群を撃滅して米国太平洋艦隊を実質的にゼロの状態に追い込むことができたとして、米国との講和にどう結びつけるかといった可能性や方法論を軍令部、参謀本部、外務省などと協議しなかった。

山本は連合艦隊司令長官に転出するまえは海軍省の次官を務めており、米内光政海軍大臣、井上成美軍務局長とともに日独伊の三国同盟に反対していたことからも、決して政略の知見がなかったわけではない。しかしながら連合艦隊司令長官に転出後は、真珠湾攻撃、ミッドウェー作戦が現実にはどう政戦略の一致となるかを考えなかった。

第一章で『孫子』『戦争論』に共通していえるのは、武力戦では政治的目的の優位と政戦略の一致を求めていることだと指摘した。そして一方で、日本陸軍などが絶対視した『統帥綱領』では軍事作戦の遂行が主軸になり、戦略は軍事戦略の範囲に限定され、政治目的の優位や政戦略の一致といった部分が非常に弱いことに触れた。ただ、『孫子』『戦争論』は理論的な枠組み、原則論として政治の優位性や政戦略の一致を説く一方で、武力戦が有する性質の独特さゆえに、ときにそれを担保するのが難しいことも認めている。

たとえば、『孫子』には、「将、能にして、君は、御せざる者は勝つ」（訳＝有能で、しかも最高政治指導者の干渉から自由な将軍を擁する者は、勝利する）ともある。ただ、それは戦闘が開始されてから混乱が生じる最前線の戦場においてであり、リアルタイムで政治とコミュニケーションを取れないなかでの即断即決、戦機の捕捉のためのやむを得ない行動であって、主に作戦・戦闘の戦術レベルに限られてくる。

したがって、短期戦を目指し、連合艦隊のほぼ全力を投入しての決戦を企図する軍事・作戦戦略レベルを采配する指揮官が作戦目的を達成した後の軍事的成果をエンドステートにどのように結びつけるかをあらかじめ周到綿密に考慮しておくのは、必要不可欠の要件である。繰り返すが、山本は己が主張する航空決戦による短期決戦の軍事的成果を、戦争の早期終結にどのように貢献させるかについてくり返すが何も語っていない。

†作戦目的の周知不徹底

なお、山本が十分に行わなかったことに作戦計画策定の際の指導がある。山本は真珠湾で撃ち漏らした米空母群を誘出して、一挙に撃滅を目指したこの作戦構想を具体化していくなかで、参謀長の宇垣纏中将をパスして、目をかけていた作戦主任の黒島亀人大佐に丸投げした。だが、黒島の思考は旧来の艦隊決戦思想の域を出ず、それに基づいて精緻な作戦計画を策定したに過ぎず、山本が志向する航空決戦思想を理解していたわけではなかった。

これが、山本の作戦目的を十分に反映した計画に至らずに終わった要因になった。『失敗の本質』のなかでも「作戦目的」のあいまいさが指摘されているが、山本は第一機動部隊を率いる南雲中将、軍令部、連合艦隊の幕僚陣に対して、この作戦目的（米空母群の誘出撃滅）を十分に理解、認識させる努力を怠っていた。したがって、ミッドウェー島攻略が主目的であるかのような作戦計画になり、本来の米空母群誘出の企図は徹底されず、いつしか第一機動部隊は、米空母群はミッドウェー島を攻略するまでの間は出てこないとの錯覚に陥っていたのである。

ここでは『孫子』『戦争論』から抽出される三つのポイントから、ミッドウェー作戦に切り込んだ。戦いの三要素である「力」「空間」「時間」を軸として、『孫子』『戦争論』からそれに該当する戦理と原則を引用してみてきたが、日本海軍はこの作戦のなか、三要素のどれについても大戦略・軍事戦略レベルでの政戦略の一致はもとより、作戦戦略レベルにおいても十分真摯に考慮して追求したとはいえない。日本海軍は作戦レベルでの主導権を握り、ミッドウェー島攻略に向かうが、『孫子』『戦争論』からみれば、致命的な失点を重ねていたのはやはり日本軍であり、結果として相対的に失態が少なかったのは米軍であった。

第三章
ガダルカナル作戦

ガダルカナル島の海浜を進軍する日本陸軍の部隊
（1942年11月撮影、共同）

1 『孫子』『戦争論』の戦理（作戦戦略・戦術レベル）で考えてみる

†『失敗の本質』のアナリシス

『失敗の本質』は冒頭で、ガダルカナルの戦いを陸戦のターニングポイントとしており、「失敗の原因は、情報の貧困と戦力の逐次投入、それに米軍の水陸両用作戦に有効に対処し得なかったからである。日本の陸軍と海軍はバラバラの状態で戦った」としている。そしてガ島を扱った章の最後に、そのアナリシスとして戦略的グランド・デザインの欠如、攻勢終末点の逸脱、統合作戦の欠如、第一線部隊の自律性抑圧と情報フィードバックの欠如という四点をあげている。

日本海軍は、ミッドウェー海戦でまったく予期せぬ敗北を被り、当時九隻保有していた航空母艦のうち、主力空母四隻を文字通り一瞬にして失った。これで太平洋正面における米国海軍と日本海軍との相対戦力はおおむね parity（同価）となり、海軍は米豪遮断の作戦計画であったフィジー・サモア作戦とポートモレスビー作戦の両方を断念せざるを得なくなった。そうするとガダルカナルにフィジー・サモア作戦を前提とした航空基地をつくるという当初の構想が再検討されなくてはならないが、実際にはどうであったか。

日本海軍にとってミッドウェー海戦は甚大なる敗戦であったが、そこから教訓を抽出するための調査委員会はついぞ開かれなかった。陸軍もミッドウェー海戦での敗北を薄々感じていたが、当時の陸軍と海軍の関係は非常に希薄であったため、空母の被害など具体的な情報が陸軍側に入ってこなかった。

戦後、海軍関係者はガダルカナルに航空基地をつくることを陸軍側には事前に伝えてあったと主張しているが、陸軍でそれを聞いたと証言する者はほとんどいない。ラバウルから零式戦闘機（ゼロ戦）の航続距離の限界である約一〇〇〇キロ離れたところに航空基地をつくっても、米国の空母機動部隊が遊弋《ゆうよく》していれば、規模にかかわらずガダルカナル周辺を制空下におくことは難しかっただろう。ともあれ海軍は陸軍が知らない間に、海軍航空隊による制空圏外のガダルカナルに航空基地の工事を開始した。

†米軍の反攻模索と新ドクトリン

一方で、ミッドウェー海戦を制した米国は、戦略的には本格的に反攻に出る時機、場所、方法を模索していた。ニミッツ提督とマッカーサー将軍は、反攻を可能な限り早く行うべきであるという点については意見が一致していたが、マッカーサーは直接ラバウルを奪回するべきであるとした。米海軍は、当面すぐに出すことのできる水陸両用部隊である第一海兵師団を、米豪軍の航空勢力がまだ十分に力を発揮できないところで、日本の航空基地の正面に向けるのに反対した。

その結果として、それほどの大損害なくして成功を見込めるステップ・バイ・ステップの上陸作戦の遂行を決めた。その第一弾が、日本が飛行場を建設中であったガダルカナルに定められた。

こうした軍事戦略的な背景のもと、ガダルカナルの戦いは積極的に変化させていく米国の用兵思想・戦闘教義（ドクトリン）に基づく「水陸両用作戦」と、伝統を重んじ変化することを限りなく避ける日本のそれに基づく「奇襲・夜襲」戦術と「積極攻勢主義」のぶつかり合いになった。

†『孫子』『戦争論』武力戦はアート（術）

『孫子』『戦争論』の視点から、これらについてどのような見方ができるのかを考えていく。オリジナル『失敗の本質』では戦術について細かく触れるのを控えたが、ここでは『孫子』『戦争論』の「欺瞞、奇襲、情報、指揮統率」などの視点からその戦術的な部分を取り上げて、ガダルカナルの戦いをみていく。『失敗の本質』のアナリシスで述べられている四点に加えて、

『孫子』『戦争論』の戦理からすればどのような見方ができるのか。

大東亜戦争当時、さきに触れた日本陸軍が金科玉条のごとく扱った『統帥綱領』、陣中勤務や諸兵科（歩兵、砲兵、騎兵など分類）の戦闘や訓練方法を定めた戦術教範『作戦要務令』に定められている用兵思想・運用の考え方、そこから派生する戦闘教義に絶対的な価値をおき、特に攻勢主義に大きな価値を置いた。そして、それを大きく変更することを頑なに拒み続けた。だが、こういったマニュアルを絶対的価値のあるものとして扱うのは危険であり、どれほどの知力と労力をかけた力作であっても、戦争や武力戦のすべてを網羅できるものではない。

孫武、クラウゼヴィッツの両者はこの見方に同意し、また、次のことをも同意するだろう。戦争・武力戦という社会現象には科学のみならず術（アート）としての側面があり、軍はそれぞれが採用可能な複数の行動方針を様々な状況においてもち、多くの軍事指導者の想像力と創造力、直観力からソリューションが生まれてくる（唯一最善の行動方針などはない）。また、戦争・武力戦はほぼ無限に複雑性が付随するもので、法則や理論で効用の最大化にトライしてみても、戦争・武力戦に関して積極的な理論を体系化するのは不可能である。結局のところ、この理論をどの程度使いこなせるかは、軍人それぞれの能力に委ねられる。

「故に、その戦勝を復《ふたた》びせず、而して、形を無窮《むきゅう》に応ぜしむ。夫れ、兵の形は水に象《かたど》る。水の形は、高きを避けて下《ひく》きに趨く。兵の形は、実を避けて虚を撃つ。水は地に因《よ》って流れを制し、兵は敵に因って勝ちを制す。故に、兵には常勢無く、水には常形無し」（虚実篇）

〔訳＝したがって、私は二度と同じ手を用いることはしない。なぜならば、勝利というものは、戦況の変化に応じて、戦法を縦横無尽に変化させていくところに求めていくべきものだからである。そもそも、軍隊の行動は水にたとえられる。水の流れが、高い所を避けて低い所を突き進んでいくように、軍隊も、敵の抵抗の多い正面を避けて、隙のある弱い正面を攻撃する。水が、地形の変化に従って流れを変えていくように、軍隊も、敵情に応じた行動をとることにより勝利を達成する。したがって、水の流れに一定の型がないように、武力戦のやり方にも一定の型はない〕

「あらゆる理論は、多様な現象を類別することによらねばならないので、本来個々の特殊性を個別に取り上げることは決してない。このような場合は、いつでも指揮官の判断と才能に委ねられる。一般的な状況に基づいて立てられた計画が、予期せぬ個々の現象によってしばしば混乱させられる軍事的行動においては、一般により多く指揮官の才能に委ねざるを得ないことは当然であり、それゆえに、軍事行動においては、その他の行動におけるよりも理論的な教示が使用されることが少ない」（『レクラム版』一二三〜一二四頁）

「兵術においては一切の哲学的真理よりも経験の方が大きな価値をもつからである」(『戦争論』上巻、二二三頁、中公文庫)

†孫武とクラウゼヴィッツの欺瞞の視点

すべてに万能な戦略・作戦・戦術といった原題・原則は存在しないことを前提とした上で、『孫子』『戦争論』はそれぞれ、一般的な方策としての欺瞞・奇襲についての位置づけを異にしている。『孫子』は自軍を集中させる一方で、敵軍に分散を強いるための要諦は欺瞞にあるとしている。成功した欺瞞とは、敵がよもや攻撃を受けることはないだろうと考えている地点に、敵を集結させるべく導くことである。

そして、欺瞞で騙すことにより敵を分散させていくことが可能ということは、たとえば、敵が強固な陣地に籠っているのをそこから引っ張り出して陣外決戦を挑むなども可能な理屈となる。なお、『孫子』は、欺瞞というテクニックは開戦前の外交戦、大戦略・軍事戦略レベルにおいても使えるものだとしている。一方でクラウゼヴィッツは欺瞞の概念を作戦戦略よりも下位の戦術レベルで論じており、欺瞞でもって敵を騙すのは簡単ではないとする。『孫子』に次の言葉がある。

「兵とは、詭道なり」（始計篇）
〔訳＝戦争行為の本質は、敵を詐《いつわ》り欺くことである〕

「故に、能にして之に不能を示し、用いて之に用いざるを示す」（始計篇）
〔訳＝詭道とは、実力を持っていても持っていないように見せかける。積極的に出ようとする時は、消極的であるかのように装うべきである〕

「近くして之に遠きを示し、遠くして之に近きを示す」（始計篇）
〔訳＝近くにいる時は遠くにいるように思わせ、遠く離れている時は近くにいるように思わせよ〕

「利して之を誘い、乱して之を取る」（始計篇）
〔訳＝餌を与えて敵を罠にかけよ。混乱したように見せかけて敵を打撃せよ〕

これらは孫武の欺瞞についての基本的な考え方で、敵軍にいかに分散を強いるかという観点で書かれている。『孫子』は基本的に、敵の心理を操作可能として捉えている。欺瞞や陽動作戦は常に戦場において実施されるべきもので、混乱や錯乱を装う、撤退を装う、あるいは戦場付近、敵の近くでわざと騒擾を起こすなどといった手段は、適時適切に統制される環境下において行われるべきものとする。

†孫武とクラウゼヴィッツの奇襲の視点

奇襲については、クラウゼヴィッツは戦略レベル（高位の作戦レベル）では成功させるのは難しいとし、戦術レベルにおいては成立し得るが容易ではないとする。一方で『孫子』は奇襲を重要な要素とする。ただ孫武はここで、クラウゼヴィッツよりも一層広い範疇、つまり戦略、作戦、戦術といったあらゆるレベルにおいて、奇襲という概念をあてはめて考えている。

「奇襲……この努力はあまりに一般的であり、あまりに不可欠であり、それが全然成果を生まないということはあり得ないので、逆にまたすばらしい成功を収めるということも稀である。しかし奇襲の本性上それも致し方ないことである。つまり、この手段によって大きな戦果が得られると考えるのは誤っているということである。理念の上ではそれはわれわれを強く惹きつけるものをもっているが、実行するとなると軍隊の全機構の摩擦に妨げられることが多いからである。奇襲はむしろ戦術において用いられることが多いが、それは戦術においては時間や空間が比較的狭いという至極当然の理由による。それゆえ、奇襲が戦略のうちで用いられる場合には、戦略の方策が戦術の領域に近づけば近づくほど実行の可能性が増し、政治の領域に近づけば近づくほど実行が困難となるのである。戦争の準備には通常数カ月を要するし、軍隊を主要な配置点に集結させるには大倉庫の設備や長い行軍が必要とされるが、これらの方針はいち早く敵に察知されるものである。したがって一国家が他の国家に奇襲戦をしかけたり、大部隊で奇襲攻撃をかけたりすることは極めて稀である。……全体としてそのような奇襲が大きな成果を生んだ例は極めて少ないからである。このことから、奇襲には多くの困難を伴うということを結論としてもいいだろう」(『戦争論』上巻、二八五〜二八六頁、中公文庫)

「その上敵の軍隊の集結、接近なども、味方の前哨の報告を待たねば気づき得ないほど秘密に行われるわけではない。したがってもし仮にそういう事態に立ち至ったとなれば、それは防禦者側の不運としか言いようがないだろう」(『戦争論』下巻、二二七頁、中公文庫)

「われわれは奇襲とか襲撃とかいった曖昧な観念をも問題外としておきたいと思う。それらは攻撃の際に豊かな勝利の源泉になると一般に考えられているけれども、あくまでもそれらは個々の特殊な事情の下でしか適用され得ないものなのである」（『戦争論』下巻、四一五頁、中公文庫）

「善《よ》く守る者は、九地の下に蔵《かく》れ、善く攻むる者は、九天《きゅうてん》の上を動く。故に、能く自らを保ちて、勝を全うするなり」（軍形篇）

〔訳＝守勢に巧みな者は、九地（極めて広く深い地域）の下に身を隠し、攻勢に巧みな者は、あたかも九天の空から一気に襲いかかるような行動をする。したがって、彼らは、自らを保全することも、攻勢に出て勝利を確実にすることも可能なのである〕

「其の必ず趨く所に出で、其の意《おも》わざる所に趨く」（虚実篇）

〔訳＝敵が必ずやってこざるを得ない要点は、先回りをして奪取せよ。敵の予期していない要点は、速やかに急襲せよ〕

クラウゼヴィッツが奇襲の成功が難しいとするのは、それは主に作戦戦略レベルについてであり、他方で、孫武が奇襲の効用を説いたのは主に戦術レベルであったといえる。したがって、基本的には奇襲については両者ともどのレベルの視座でそれをみるかといったアプローチの違いとなる。

米国海兵隊の創立

ガダルカナルの戦いで水陸両用作戦を遂行した米国海兵隊について、少し触れておきたい。なお、米国海兵隊については『アメリカ海兵隊』（野中郁次郎著、中公新書）からその概要を抜粋要約する。

米国の独立戦争が勃発してから間もなく一七七五年一一月一〇日、米国海軍のなかに後に海兵隊とよばれる一つの組織が誕生した。当初、その規模は二個大隊程度のものであった。創設以来、海兵隊は何度か存在意義や任務を巡り混乱期を経て、ようやくその存在が世間一般からも支持を受けるようになったのは、第一次世界大戦への参加とその活躍によってであった。そのときには約七万五〇〇〇人を超える大規模組織になっていた。

第一次世界大戦後の米国は軍縮モードに移行した。一九二一年に開かれたワシントン海軍軍縮会議では、戦艦や重巡洋艦などの主力艦の保有比率を米英各五、日本三、仏伊各一・六七の比率とすることを決め、日本海軍の拡張を抑えこんだ。

ただ第一次世界大戦は、太平洋における米国の立場を戦前よりも弱いものにしていた。西部太平洋におけるマリアナ、カロリン、マーシャル諸島は、日本の委任統治領となり、米国はグアムとフィリピンに前進基地こそ保有していたが、どちらへアクセスするにもそのルート上に日本の委任統治領が存在し、そこに日本海軍が前進基地をつくれば西部太平洋において米国はその優位を失われることになった。

このような状況に直面し、海兵隊からはその任務や使命を改革していく動きが出てきた。すでに当時、日米が武力戦を行うことになれば、米国艦隊は太平洋を渡航していくことになるが、そのためにもすでに有しているハワイ、グアム、フィリピンなどの前進基地の防御の必要に加えて、日本が有する基地を奪取する必要に迫られると考えた。

この認識のなかから生まれてきた基本構想が、米国はアジアや日本本土で戦うのではなく「海をもって陸をたたく」、つまり海と空の戦力により、日本陸軍を太平洋の島々で撃滅していくというものであった。この実現のためには、太平洋に点在する日本軍の前進基地をひとつひとつ奪取していく「水陸両用作戦」が不可避となった。海兵隊の新たな使命は「水陸両用作戦」であり、これこそが太平洋で戦争が起きたときの重要な使命となるとし、海兵隊はそれまでの前進基地の「防御」を基本とせず、敵の有する前進基地の「奪取」を使命とした。

†「水陸両用作戦」というコンセプト

中世以来、小規模なものも含めて考えれば上陸作戦はあったが、大規模な水陸両用作戦が実行された例はゼロに近い。かのナポレオンなども、英本土への上陸は実現できなかった。近代戦の時代になってただ一つの事例は、第一次世界大戦でチャーチルが海軍大臣としてイニチアチブをとったガリポリ半島上陸作戦があった。ただ、これも散々な失敗に終わっている。

こうした未知の要素を多く孕むなかで、海兵隊はあらたなコンセプトの創造へと進んだ。水陸両用作戦は、もっとも理想的なものは、敵の上陸地点についての情報を攪乱させて、その敵の備えが一番薄いところへと上陸するというものだ。事実、大東亜戦争における米軍のマリアナ侵攻作戦と同時期に行われた「連合軍」(米英)のノルマンディー上陸作戦は、そうした欺瞞が作戦レベルで成功した事例でもあった。

ただ攻撃側の米国からみて、太平洋諸島については、上陸可能な地点をそれほど多く見込めるわけでもなかった。そうなると欺瞞作戦の余地はあまりなく、反対に攻撃されることを予期した日本側がその上陸地点を絞り、防御準備をして待ち構えるなかで強行上陸を迫られることになる。

こうしたなかで、上陸作戦の教義や基本がつくられていき、できあがった水陸両用作戦は普通の地上戦と共通する性質も有した。地上戦との違いは、水陸両用戦闘では兵員を母艦に乗艦させ、相当の距離を航海して上陸地点まで運び、母艦から上陸用舟艇に移乗させ、比較的軽装備で砲兵の直接支援がない状態で敵地に上陸させることであった。

ただ、新しく創造されたこの水陸両用作戦の概念は実戦で試されたわけではなく、ニミッツとマッカーサーの間で反攻作戦の第一歩として選ばれたガダルカナル島への上陸作戦がその皮切りとなった。

†海兵隊上陸部隊指揮官の悲観

上陸部隊指揮官となった第一海兵師団長のバンデクリフト少将は、かつてニカラグアでジャングル戦を経験し、その後艦隊海兵隊の幕僚として、水陸両用作戦の理論を研究していた。バンデクリフト自身は海兵隊が実戦に投入されるのはまだ先と思っていたが、作戦開始五週間前に突如として攻撃準備命令を下達され動揺した。

米国側はガダルカナル島の状況について十分に情報をもっておらず、上陸に先立って情報収集のためB-17を飛ばし、上空から偵察を実行した。飛行場は完成しているように見えたが、海浜の防御は施されておらず、日本軍の兵力は五〇〇〇人程度と見積もった。上陸作戦のすり合わせはスムーズにはいかなかった。七月二六日、空母サラトガ（ミッドウェー海戦のときは西海岸で訓練中）の艦上で、フレッチャー提督は海兵隊と必要物資を揚陸し終えた後、即座に艦隊は離脱する方針を伝え、この作戦に悲観的であると言った。バンデクリフトは上陸開始後、少なく見て五日間は海軍と空軍の支援を要すると主張したが、フレッチャーは多くても三日までとした。

こうした齟齬が生ずるなかで、バンデクリフトは七月二八日から三一日までの間、フィジー諸島を使って実際に上陸演習を敢行した。ただこの演習では、上陸用舟艇はサンゴ礁を乗り越えられないなど散々な結果に終わり、日本軍が海浜に十分な防御措置を施していれば苦戦が予想された。進攻は二方面からとなり、一つはガダルカナル島、もう一つはツラギとなった。第一海兵師団のなかでも、より優秀な部隊を強い抵抗が予想されるツラギへと投入された。

†海兵隊ガ島上陸

昭和一七年八月七日午前六時一四分、巡洋艦三隻、駆逐艦四隻で編成されたガダルカナル艦砲支援群は艦砲射撃を始めた。その一分後にツラギ艦砲支援群の巡洋艦一隻、駆逐艦二隻が海浜を砲撃した。さらに、ガダルカナルの南西一四〇キロに展開していた空母群からは八五機の急降下爆撃機と戦闘機が発進し、ガダルカナルとツラギの両方を攻撃した。六時五一分には海兵隊を乗艦させた船団が、上陸目標地点の沖合約八〇〇〇メートルに到着して、海兵たちは上陸用舟艇に移乗を始めた。

ツラギとその隣接のタナンボゴの上陸では、つよい抵抗を受けたが、ガダルカナル上陸については予想に反して抵抗はなく無血上陸を果たした。艦砲支援群と航空機からの砲撃爆撃を受けた直後、日本軍（兵員六〇〇名、労働従事者一四〇〇人程度）は島の内部へと退避していた。午前九時九分には第五海兵連隊が「レッドビーチ」（ガダルカナル島上陸地点の呼称）正面に幅八〇〇メートルにわたり展開することに成功し、第一海兵連隊もこれに続いた。

こうして昭和一七年八月七日午前六時一四分、米国海兵隊はガダルカナル島に上陸した。

†奪回命令と見積もりミス

大本営は八月一〇日にその報告を受けた。杉山参謀総長は永野軍令部総長から宮中の廊下での立ち話で「ガダルカナルで航空基地が取られたから、取り返してくれんかね」と頼まれ、杉山はそこで「わかった」と答えた。杉山はこれを持ち帰り、ガダルカナル島の地理的条件・戦略的価値の有無、ここに陸軍戦力を投入する軍事戦略的な必要性と可能性などについて検討すべきであった。だが熟慮をせずに即断し、二〇〇〇人規模の一木支隊を第一七軍の指揮下に入れ、ガダルカナル島の奪回を命じた。

八月一八日、一木支隊の先遣隊約九〇〇人が海兵隊の陣取る基地から約三〇キロ離れたタイボ岬に上陸する。米軍の戦力は、この時点ですでに海兵第一師団を中心とする一万三〇〇〇人が上陸し終えていた。日本海軍はこれを当初約五〇〇〇人と見積もっていたが、陸軍にはなぜか約二〇〇〇人規模と伝えた。海軍からこれを聞いた陸軍は、その情報をさして吟味せずに鵜呑みにした。

そこには米国の本格反攻は昭和一八年以降との思い込みがあり、米軍の上陸は偵察を主としたものか、飛行場の破壊を狙った程度の作戦であり、その上陸勢力も小規模であるとの錯覚があった。

一木支隊は兵員それぞれ三八式歩兵銃に小銃弾二五〇発と少数の擲弾筒《てきだんとう》と機関銃に七日分の食料を携行するのみであったが、一木大佐は日本陸軍の伝統的戦法である白兵銃剣による夜襲を敢行すれば容易に撃破できると踏んでいた。一木支隊の後続部隊は二二日、さらには川口支隊（長：川口清健少将）が二八日に増派されることになっていたが、増派を待つこともなく飛行場奪回へと海沿いに進んでいった。そして一九日午前、まずベレンデ川の線に到着するが、日本側の尖兵小隊は、突如米海兵隊の中隊に包囲攻撃を受けて全滅する。

一方のバンデフリフト少将も、戦うのに万全な状態ではなかった。八月八日の時点で、フレッチャー提督は日本機の来襲に危険を感じ、食料や弾薬などの補給品を半分程度を陸揚げしたのみで第六一機動部隊を撤退させてしまった。そして九日には、この作戦海域に残っていたクラッチレー英海軍少将率いる巡洋艦六隻と駆逐艦六隻からなる米豪混成の巡洋艦部隊もまた、日本の三川艦隊（三川軍一中将指揮）と交戦で大敗していた。このときガダルカナルへの米輸送団はまったくの無防備となり、もし三川艦隊がこれを撃破していれば、ガダルカナルの形勢は変わった可能性があるがなぜかそれをしなかった。

†米側の防御態勢構築

バンデクリフトのほうは海兵隊の必需物資が十分ではなく、レーダー、無線機器、有刺鉄線、建設資材なども欠乏しており、弾薬も四日分ほどで、その後六週間、海兵隊の糧秣事情は一日二食となった。そこで彼は攻撃態勢が十分ではないとの認識のもと、防御に重点を置いた作戦計画を立て、未完だった飛行場の整備にとりかかった。つるはし、スコップ、もっこといった人海戦術の日本海軍の設営隊とは異なり、ブルドーザー、パワーショベルをもっていたことで、上陸後一〇日間程度で飛行場を完成させた。

同時に防御陣地はルンガ川流域からイル川に及び、塹壕を掘り、重火器陣地、防御線も各所につくられた。七・七ミリと一二・七ミリ機関銃、加えて三七ミリ高射砲を配置、飛行場の周囲には九〇ミリ高射砲も配置され、戦車隊は即応態勢をとれるようにした。そして一木支隊の尖兵部隊が全滅した翌日、二〇日にはドーントレス急降下爆撃機一二機、グラマンF４Fワイルドキャット一九機がガダルカナルの飛行場に到着して防御戦力に加わった。

†一木支隊交戦

一木支隊の尖兵小隊と交戦したことで日本軍上陸の事実を知り、その規模などについても原住民からの通報があり、バンデクリフトは部下に常時戦闘態勢を取るように命令下達をした。八月二一日午前二時四〇分、一木大佐は部隊をイル川の東側、砂州の横に位置するジャングルのなかに集結させて攻撃を開始させた。擲弾筒を打ち込み、軽機関銃を一斉に射撃し、一木大佐自身が五〇〇名程度の兵を率いて砂州を越えて突撃を行った。一方でバンデクリフトは、海兵に機関銃、自動小銃、迫撃砲、手榴弾などあらゆる武器をつかって防御戦闘を行わせた。日本兵の多くが川を渡りきる前に銃火の的になり、一部対岸までたどり着けた者も米軍が張りめぐらせた鉄条網の前に足止めを喰らい、そこを撃たれる格好となった。

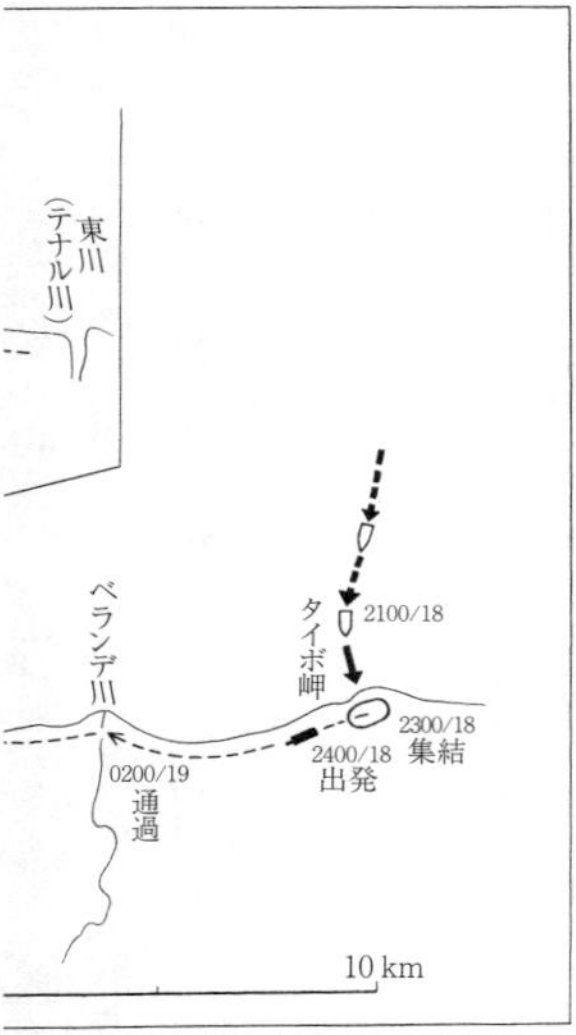

公文庫より）

一木大佐は一度川の東岸に退き、午

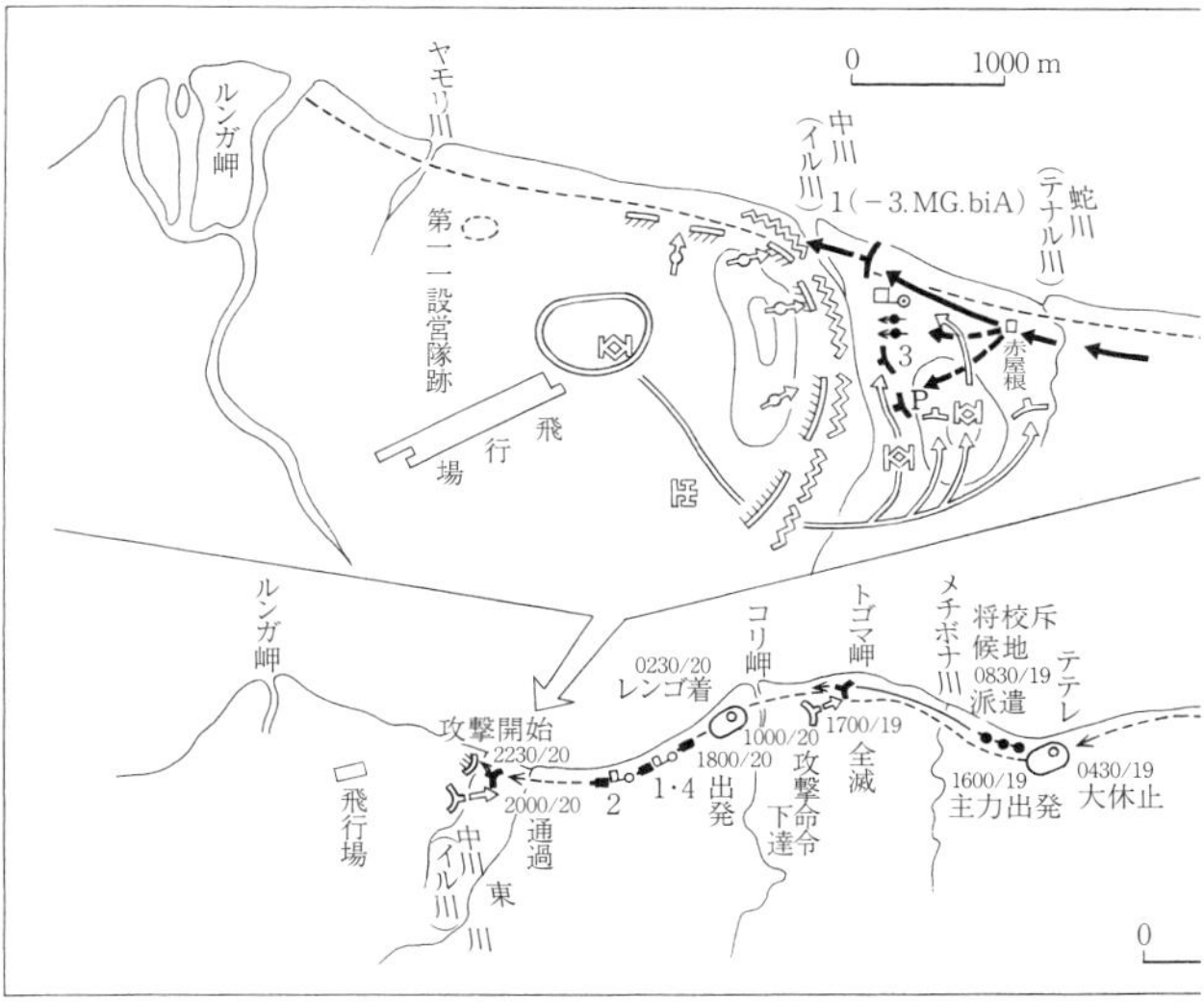

図5　一木先遣隊戦闘経過要図（昭和17年8月18日～21日、『失敗の本質』中

前五時に再度攻撃を再開した。攻撃方面をわずかに変え、今度はイル川の河口付近の砂州の周囲に兵を散開させつつ、海から押し寄せてくる波を受けながらそのなかを進むことになった。山砲と迫撃砲の支援射撃のもと、比較的防御が薄いと思われる海岸側の陣地に攻撃を向けた。だがその陣地を破ることはできずに、一木支隊は多くの犠牲を出して再度さがった。このタイミングで防御から攻撃に転ずるべきと判断したバンデクリフトは、航空機と戦車でもって反撃に転じた。

その日の夕刻までにイル川の戦闘は終わり、一木支隊は八〇〇名が戦死、一五人が捕虜となり、一木大佐もまた自決したといわれている。なお、この戦闘における海兵隊側の戦死は四三名であった。

†米側の一木評価

この戦闘の後、海兵隊のサミュエル・B・グリフィス中佐は一木大佐の指揮統率について次のように書いている。

「この血なまぐさい一二時間の戦闘によって、どう理解して良いか分からない問題にぶつかった。一木は、斥候がほとんど全滅させられたのだから、論理的に彼の攻撃の意図は海兵隊に知られているとは考えなかったのだろうか。なぜ、彼はそんなに急いで攻撃したのだろうか。なぜ、彼は川上一マイル上流を偵察しなかったのだろうか。そうすれば、部隊を上流で渡河させ、北に進んでイル川陣地を後方から突けたのではないか。なぜ、彼は損害の大きかった第一回攻撃と同じ方法で第二回攻撃を行ったのだろうか。このような自ら招いた大虐殺を生み出した根拠は何だろうか。その答えの一部は、当然のことであるが、一木大佐の情報不足であろう。しかし、もっと重要なことは、彼の傲慢な現実無視、固執、そして信じ難いほどの戦術的柔軟性の欠如ではないか」(『アメリカ海兵隊』より)

この戦闘で日本側についていえることは、一木大佐は攻撃精神を強く信じ、かつ、兵士個人の勇戦敢闘を過度に期待しすぎていたことだ。敵情解明のためにまともな情報収集をすることなく、敵の態勢未完と思い込み、戦術的な工夫をほとんど作為しないままに攻撃を行い、敗北を喫した。『孫子』は次のように喝破し、指揮官の将兵に対する勇戦敢闘の過度な強要を是としない。

2　将兵の個として勇戦敢闘を期待しない『孫子』

†個人戦よりも集団戦

「勝を見ること、衆人の知る所に過ぎざるは、善の善なる者に非ざるなり」（軍形篇）
〈訳＝作戦・戦闘において戦機を看破する作戦・戦術的な識見が、凡々たる将帥たちより卓越していなければ、優れた軍事指導者とみなされない〉

「古《いにしえ》の所謂善く戦う者は、勝ち易きに勝つ者なり」（軍形篇）
〈訳＝すなわち、昔から名将といわれている指揮官は、配下の部隊が格別に勇戦敢闘をしなぐても容易に勝てる敵に対して、戦いを挑み、勝利を獲得した者なのである」

つまり軍事指導者・指揮官は戦闘が開始以前の段階から、将兵の勇気・勇敢さといった精神諸力を必要以上に判断に織り込むのを良しとしていない。だが、一木大佐は自らの指揮する部隊のそうした力を過度に頼んでいた。一木大佐は中国大陸で、戦闘の局面においては決して強敵ではなかった中国軍を相手に指揮を経験し、陸軍歩兵学校の教官を数次にわたり務めたベテランの野戦軍指揮官であった。そうした経験が陸軍の伝統的戦法である白兵銃剣突撃主義を過信させ、逆に彼の視野を狭くしたといえる。

『孫子』は、戦闘が始まってからの将兵各個の勇戦敢闘を恃《たの》むのではなく、あくまでも部隊全体が組織的な勢いをもって戦闘に加入し、戦闘し勝利できる方策が必要としている。そのためには綿密な偵察による情報収集と分析を行い、作戦・戦術・戦法をしっかりと見積もり、それを周知させて事に臨むことが求められる。

「勝つ者の民を戦わしむるや、積水を千仞《せんじん》の谿《たに》に決するが若くなるは、形なり」（軍形篇）

〔訳＝民（軍隊）を、積水を千仞の谷底に向かって一気に切って落とすような威力（勢い、エネルギー）で戦わせることができるのは、不敗の態勢をとり、次いで、敵に勝つことができる戦機を逃さない基礎態勢（形）を事前に構築・整備しているからである」

『失敗の本質』ではガダルカナルの戦いを陸戦のターニングポイントとし、同時に伊藤正徳の言である「それは帝国陸軍の墓地の名である」を引いている。これ以降続くことになる米軍との戦いのなかで、日本は米国の反攻のまえに大量の人的損耗を出していくが、その遠因の一つとしては攻撃精神を過度に強調すると同時に将兵に過度な勇戦敢闘を期待し、組織戦力としていかにして文字通り楽勝できるかについての研究や準備を等閑にしたことが挙げられる。この背景には、『作戦要務令』の用兵の考え方が影響している。

†『作戦要務令』の求める攻撃精神

「軍隊は常に攻撃精神充溢《じゅういつ》し、士気旺盛ならざるべからず。攻撃精神は、忠君愛国の至誠より発する軍人精神の精華にして、鞏固《きょうこ》なる軍隊士気の表徴《ひょうひ》なり。武技之に依りて精を致し、教練之に依りて光を放ち、戦闘之に依りて勝を奏す。蓋《けだ》し勝敗の数は必ずしも兵力の多寡に依らず、精錬にして且つ攻撃精神の富める軍隊は、克《よ》く寡を以て衆を破ることを得るものなればなり」（『作戦要務令』綱領、六）

敵を「撃破」「撃滅」「圧倒殲滅」するために必要なのが攻撃であり、日本陸軍の根底には「攻撃は最良の防御」という思想があった。守勢に立った「防勢作戦」(防衛作戦)の場合においても攻撃が重要視された。攻撃をするにはその意志や精神力が重要で、それが攻撃精神として強調されたのである。こうした一文は明治における創建以来、常に物質的部分で満たされることのなかった陸軍を、精神で補おうとする象徴的な縮図ともいえる。

一般的に受動に回る防御、防勢作戦の場合、いつやって来るかわからない敵に対して、全方位に対する警戒や緊張を怠ることはできないが、時、場所、方法を自らが決められる攻撃、攻勢作戦においては、ある時間、ある場所に兵力を集中して攻撃ができ、これに攻撃精神なる無形戦力が加われば、その戦闘力は倍増されるとの考え方が陸軍では強く支持されていた。こうした考え方は戦闘の局所の突撃などにも見出せる。

「突撃中途に頓挫《とんざ》せる場合に於いても、第一線部隊は百方手段を尽くして速かに其の原因を排除し、突撃を反復すべし。たとい後方部隊なきときと雖も、幹部と兵との勇気に依り既に占有せる地点を確保し、猛烈なる射撃を為し、気勢を恢復《かいふく》して更に突撃を復行し、極力其の目的を達することに勉むべし。此の際諸兵種を挙げて勇敢に歩兵に協同し、敵の守兵を圧倒し、或は逆襲し来る敵を阻止し、或は突撃路を開設し、側防機能を制圧する等、歩兵に突撃

復行の動機を与え、其の実施を緊密に支援せざるべからず」(『作戦要務令』第二篇「攻撃」一四四)

†『作戦要務令』が育てる指揮官とは

こうした文脈から読み取れるのは、必要以上の攻撃精神を求めると同時に将兵各個の士気や勇気に依存し、白兵による突撃の反復で事を決しようとすることである。つまり、一木大佐だけが特異な用兵思想を持つ指揮官であったわけではなく、『作戦要務令』を標準とした用兵の仕方を愚直に信じた結果であり、これは多かれ少なかれ、同じタイプの野戦軍指揮官を量産していた日本陸軍の構造的な問題であった。

また、このガダルカナルの戦い全般にいえることだが、陸軍は白兵による突撃を恃みとするあまり、それを支援する砲火力とどこまで協同していくつもりであったのか。

日露戦争などを経験するなかで、近代戦が砲兵の力によるところが大であることは認識され、『作戦要務令』においても、歩兵と砲兵が攻撃に際して綿密に協同する重要性については記されているものの、具体的な局面においてはどのくらいそれを重要視していたのか、用兵思想としても疑問である。事実、一木支隊はほとんど砲火力をもっておらず、ほとんど形だけ迫撃砲(擲弾筒)程度の支援を受けただけで激闘に身を投じていった。一木支隊が敵の防御態勢が整う前に迅速な攻撃を求めたこと自体は戦理の一つには適っているとの考え方もある。事実、バンデクリフトもその防御準備に時間的余裕があったわけでもなく、整備した基地に航空戦力が到着したのは一木支隊が攻撃を始めるわずか一日前だった。

そして、一木大佐が発令した攻撃命令は「支隊は、夜闇を利用し、行軍即捜索即戦闘の主義を以って、第十設営隊（日本海軍の飛行場構築部隊）付近を攻撃し、爾後の飛行場攻撃を準備せんとす」というもので、行軍・捜索・戦闘という目的の異なる行動を同時に部隊に強いたのである。こうした考え方は、よほど攻撃側が防御側の戦力を圧倒的に上まわっているときには成立する話である。

一木大佐自身はよもや海兵隊一個師団が待ち構えているとは知らなかったとはいえ、それでも二〇〇〇程度の米軍が防御準備をしていると判断した以上、このような部隊行動は無謀に過ぎたのであり、攻撃精神への過度な期待といわれても仕方がない。一木大佐はガダルカナル上陸以前に敵情や規模について誤った情報を受け、上陸後、それを自ら解明する努力を怠り、劣勢のなか戦術上の工夫もせずに攻撃し、部下の攻撃精神と勇戦敢闘に過度に期待し、全滅させたのである。

前章で相対的な戦力の優位を確保する重要性について触れたが、ガダルカナル島の初戦の九〇〇対一万三〇〇〇ではあまりに戦力差がありすぎて、そもそも歯が立つ次元ではなかった。

また、日本が飛行場を奪取しにくることは防御する米側にとって明白であり、これを知った上で徹底的に防御措置を施し、複数の防衛線を張ることができた海兵隊のほうが優位な立ち位置にあった。

さらに欺瞞・奇襲という観点から考えていくと、この一木支隊の初戦以降の戦いを第一回総攻撃、第二回総攻撃に分けることができる。第一回総攻撃については戦術的な観点から論ずるべき点はあるが、第二回総攻撃ではあまりにも戦力差が開いてしまう。

一木支隊全滅後、制空権は米軍側に帰し、日本側はその兵力輸送の困難に直面したが、国生勇吉少佐の第一大隊、渡辺久寿吉中佐の第三大隊、一木支隊の残兵から成る集成一個大隊、田村昌雄少佐の大隊の合計四個大隊で構成されることになった。川口支隊は、八月二九日から九月四日までの間にダイボ岬付近に上陸を終えた。さらに並行して岡明之助大佐の指揮する一個大隊（上陸前に爆撃を受けて四五〇名規模にまで損耗）も、ガダルカナル島西側のエスペランスに上陸した。九月七日までには陸軍五四〇〇人、海軍二〇〇人、高射砲二門、野砲四門、連隊砲（山砲）六門、速射砲一四門、食料は約二週間分を揚陸させることができた。この戦力でもって、一気に一万六〇〇〇に膨れたあがったバンデクリフト率いる海兵一個師団と対峙した。

†川口支隊の「勇戦敢闘」

川口支隊長は一木支隊と同様に海岸線を前進し、イル川の線に布陣する米軍を東から攻撃すれば一木支隊の二の轍を踏むとして、接近経路を変えてテナル川河口付近以東の地域からジャングル地帯に入り迂回し、飛行場の南側から米軍の背後を奇襲して、一晩のうちに飛行場の奪回を企図した。一木集成隊をテナル川上流の最右翼に配置し、そこから左にむかって田村大隊、渡辺大隊、国生大隊の順で翼を広げて展開し、川口支隊長が指揮をとる司令部は国生大隊の左翼後尾の近くに布陣した。九月一三日午後九時五分、テナル河畔からわずかな砲兵の支援を合図に川口支隊が総攻撃を開始した。

戦力でいえば圧倒的に劣勢のなかで、左翼第一線を任された国生大隊の奪取目標となったのは、海兵隊主力の二個大隊が布陣して守る飛行場北西側の高地で（後に「血染めの丘」と呼ばれる）、国生大隊長は自ら陣頭指揮をして進み、海兵隊の第一線の主陣地までは突破することができた。だが第二線陣地までは抜けず、大隊は多数の戦死者を出して、国生大隊長も壮絶な戦死を遂げた。続いて、第二線攻撃部隊を任じられた田村大隊は、手持ちの三個の中隊を並列して攻撃前進をさせた。海兵隊と激闘を重ねて、多数の犠牲を出しながら、この「血染めの丘」を越えてその北東地域にまで到達した。そこで夜明けとなりそれ以上の前進が困難になった。

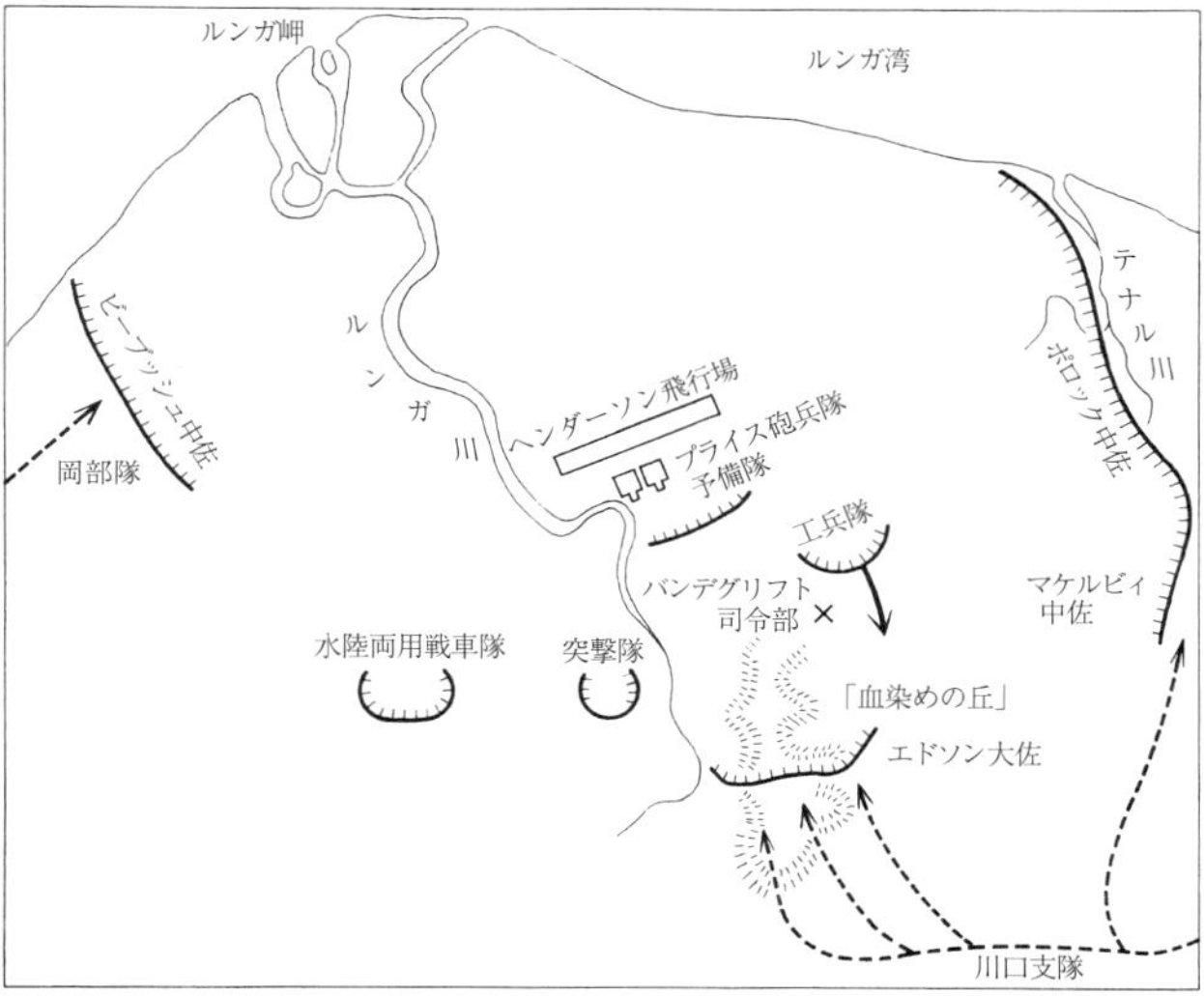

図６「血染めの丘」の戦い（『失敗の本質』中公文庫より）

それでも田村大隊長はなお攻撃続行を決断し、手持ちの予備中隊などもすべて投入して多くの犠牲を払いながら、わずかに五〇〜六〇名にまでになった中隊の一部は第一海兵隊司令部付近まで進出できた。だが、それ以上は火力に阻止されて攻撃行動がとれなくなった。間もなく川口支隊長は攻撃中止命令を発した。九月一五日になって、川口支隊長は「攻撃を行いたるも敵の抵抗の意外に大にして大隊長以下多数の損害を被りやむなく大川（ルンガ川）左岸に兵力を結集、後図を策せんとす。将兵の健闘に拘らす不明の致す処、失敗申し訳なし」と軍令部に打電した。なお、川口支隊のこの第一回総攻撃における攻撃参加主力は約三〇〇〇名、生存者は一五〇〇名で、半数が戦死したことになる。

『失敗の本質』では、第一七軍司令部が川口支隊の攻撃失敗の原因を紹介している。①攻撃準備の時間不足、②敵の火力優越、②部隊間の攻撃連携不足、④支隊司令部の能力不足、⑤密林や地図情報の不足で方向維持が困難、などである。さらに連合艦隊司令部もこの攻撃の失敗原因を述べている。①米側の防御堅固さに対して日本側は軽装備での一挙奇襲に依ったこと、②制空権を奪われ輸送困難、③火砲の利用不備と部隊間の統率連携不足による部隊各個の戦闘、④ジャングルに阻まれたことによる部隊進出の困難と各大隊の左右連携困難、⑤奇襲を試みるも早期に暴露され、敵火力により阻止。そして結語として「敵を甘く見すぎたり」としている。

†戦術の積み重ねで挽回可能か

この第一回総攻撃では圧倒的な劣勢にありながら、海兵隊司令部の付近まで進出した。『失敗の本質』では、川口支隊の攻撃がガダルカナル島飛行場奪回の唯一の機会であったとし、田村少佐は「もう一個連隊あったら、ルンガ飛行場は完全に占領していたよ」、そして、同田村大隊の将兵の「あの朝、もう二つ握り飯があったら、飛行場は完全にとれとったのに……」と残念がったとしている。

『孫子』『戦争論』の視点から、これらの戦いをどう考えるべきであろうか。先に触れたように、欺瞞について『孫子』と『戦争論』で異なるのは、『孫子』はそれにより一定の価値を見出しているところだ。その欺瞞の考えは多岐で広範囲にわたり、そこには日本軍が第一回総攻撃でとった「迂回戦術」なども含まれる。ただ、「兵とは詭道なり」「其の備え無きを攻め、其の意わざるに出ず」とし、さらに「利にして之を誘い、乱して之を取る」(餌を与えて敵を罠にかけよ。混乱したように見せかけて敵を打撃せよ)「卑《いやし》うして之を驕《おご》らしむ」(劣勢を装い、敵の驕りを助長せよ)と述べ、混乱や錯乱を装う、撤退を装うなどして、敵や敵の指揮官に対して心理操作をすることなどに重点を置く。

こうした考え方の延長には先にもいったが、敵が強固な陣地に籠っているのを引っ張り出して陣外決戦を挑み、味方に有利なところに引き込んで戦うという用兵の考え方などもある。ただ、ガダルカナルでは、海兵隊からみれば日本軍が飛行場奪取を目的としていることが明白で、すでにそこで十分に防御準備をして待ち構えている以上は、海兵師団が自らの有利に立てる陣地を放棄して、陣外決戦に挑む可能性は現実的にはなかった。『孫子』的な原則からすれば、この時点で欺瞞でもって敵を欺ける可能性をあきらめ、それ以上その地域での戦いを継続しない。

相対的な戦力でまったく歯が立たず、欺瞞も通じない以上は、「若《しか》らざれば、則ち能く之を避く。故に、小敵の堅は大敵の擒《とりこ》なり」(謀攻篇)(もしわが軍の戦力が劣勢ならば、敵と直接対陣することなく、一時的に離れるか、防御態勢をとれ、なぜならば、小部隊の無理な戦闘は、大軍にとっては恰好の餌食となるだけだからである」。

なお、陸軍は夜襲など敵の不意をつく奇襲の価値を信じ、一木支隊、川口支隊もそれを採用している。『戦争論』では、繰り返すが、「奇襲……この努力はあまりに一般的であり、あまりに不可欠であり、それが全然成果を生まないということはあり得ないので、逆にまたすばらしい成功を収めるということも稀である」として、奇襲にさほど強い価値をおいていない。日本軍が日露戦争などを戦訓として夜襲などの奇襲に重きをおいたのは知られているが、これについては今日、さまざまな研究がある。『反骨の知将――帝国陸軍少将・小沼治夫』（鈴木伸元著、平凡社新書）などは陸軍が重視した夜襲などの効果について検証している。なお、『孫子』は奇襲に一定の価値をおき、「其の必ず趨《おもむ》く所に出で、其の意わざる所に趨く」（虚実篇）（敵が必ずやってこざるを得ない要点は、先回りして奪取せよ。敵の予期していない要点は、速やかに急襲せよ）としているが、これもまた先に触れたように戦術レベルの区々《まちまち》たることだけを説いたものと解釈するべきではない。

†第一七軍司令部の「反省」

第一七軍司令部は、この第一回総攻撃の失敗の原因の一つとして、策応予定だった岡部隊の攻撃不参加をあげているが、仮に岡部隊による攻撃がうまくいっていれば、戦場の帰趨は変わっていただろうか。防御する米側も常にすべての戦力が第一線で戦っているわけではない。戦いには常に予備隊・予備の戦力が配置されているのが普通で、戦いの決勝点や逆襲の際、あるいは防御の第一線が破られた場合、第一線の部隊の疲労が限界にきたときに予備隊は投入される。これをどのくらい持っているかも重要な鍵となる。

その点、海兵一個師団を持つ米側は、予備隊をほとんど持たない日本に比べて相当の余裕があった。飛行場を中心にほぼ固く防御しており、防御陣地も複線で火力も優勢な状態であり、予備隊をもっていた。

もし岡部隊によるある種の「欺瞞」「陽動」「奇襲」ともいえる攻撃が進み、そこを守る米側の部隊が一時的に破られたとしても、予備隊を投入することでその穴を塞ぐことが十分にできた。この議論は戦いの結果を知っている者の後知恵に過ぎないかもしれない。実際の戦場において二方面から攻撃を受けた場合、どちらが主攻撃・助攻撃なのかは、戦場では常に混乱・錯誤があり容易に看破できないかもしれない。欺瞞・陽動作戦、奇襲作戦が少しでもうまくいけば米側が動揺し崩れ、そこに勝機の可能性がわずかながらでもあるという第一七軍司令部の結論に対して心情的な理解はできる。

だが、結局のところ相対的な戦力の圧倒的不利という厳然たる事実の前には戦術レベルの

「欺瞞」「陽動」「奇襲」でもって勝利をつかみ取るのは難しい。なお、クラウゼヴィッツは、相対的な戦力の優越は重要であるが、それだけを過信するのを戒めている。

「常に数的優位を唯一の法則と見なし、緊要な時機と場所に数的優位をもたらすという決まり文句を戦争術の奥義であると考えたのは、現実の世界における道理をまったく無視した過度の単純化である」(『レクラム版』二五頁、傍点原文)

「われわれが敵を打倒しようとするならば、われわれの努力を敵の抵抗力に適合させなければならない。敵の抵抗力は、現有の手段の量と意志力の強さという分離できない二つの要因によって表現される。現有手段の量は(すべてではないが)数値に基づいているので、敵の大きさを特定できる。しかし、意志力の強さは特定が困難であり、ただの動機の強さによっていくらかは見積もることができるだけである」(『レクラム版』二六頁)

†「常識」ある参謀長の更迭

一木支隊、川口支隊は持てるすべてをつくして戦い抜いたが、それは海兵隊も同じことだった。血染めの丘に犠牲を顧みずに何度も突入してくる日本陸軍に対して、そこを守る海兵隊が動揺すれば、エドソン大佐は「貴様たちになくて敵にあるのはガッツだけだ」と兵を奮い立たせた。勝手に退却してきた海兵に対しては、別の将校はそれをつかまえて「おまえたちは永遠に生きたくないのか」と、海兵隊の伝統的な合言葉で叱咤激励して戦線に戻した。攻撃精神や精神力の発意は何も、日本陸軍だけの専売特許ではなかった。

第一回総攻撃が失敗に終わっても大本営は奪回を放棄せず、今度は師団単位の戦力を送り込むことを決める。それに対して攻撃に失敗した指揮官であった川口は、日本側の戦力不足、地形の厳しさ、米側の戦力の強大さなどを指摘するも、「必勝の信念」に燃えている司令部は取り上げなかった。唯一、九〇〇名程度の一木支隊をガダルカナル島へ送ることに当初より反対していた第一七軍参謀長二見秋三郎は、「少なくとも二個師団の戦力、野戦重砲五個連隊、十分な弾薬の補給、航空戦力の協力を確保できないのであれば、一〇〇〇キロも離れた島で決戦など行うべきではない」と主張した。つまり、相対的戦力で少なくとも五分くらいでなければ同じ轍を踏み、将兵を悪戯に殺すだけだとまともな意見を言ったのだが、二見は更迭された。

第二回総攻撃については述べるのを割愛するが（『失敗の本質』を参照されたい）、輸送力の限界、制空権を失っていたことなどから、結局のところ相対的戦力では不利な状態は変わらぬままに攻撃を行い、第二回総攻撃は失敗に終わったのである。昭和一八年二月に撤退するまでにガダルカナル島に投入された将兵は約三万二〇〇〇人、そのうち戦死は一万二五〇〇名。戦傷死は一九〇〇余人、戦病死四二〇〇余人、行方不明は二五〇〇余人。一方の米軍の犠牲は参加将兵六万のうち、戦死者一〇〇〇人、負傷者四二四五人（なお、餓死はゼロ）。日本海軍の損失は、艦艇五六隻沈没、一一五隻損傷、そのうち駆逐艦沈没一九隻、損傷が八八隻。飛行機の損失は約八五〇機を数えた。

†『孫子』の勝を知る五つの要素

『孫子』は次のようにいう。

「故に勝を知るに五有り。而《もっ》て戦う可《べ》きと而《もっ》て戦う可からざるとを知るは勝つ。衆寡《しゅうか》の用を知るは勝つ。上下の欲を同じゅうするは勝つ。虞《ぐ》を以て不虞《ふぐ》を待つは勝つ。将の能《のう》にして君の御《ぎょ》せざるは勝つ。此の五者は勝を知るの道なり。故に兵は、彼れを知り己れを知らば、百戦して殆《あや》うからず。彼れを知らずして己れを知らば、一勝一負す。彼れを知らず己れを知らざれば、戦う毎に必ず殆《あや》うし」（『竹簡孫子』謀攻篇）

〔訳＝そこで、勝利を予知するのに五つの要点がある。第一に、戦ってよい場合と戦ってはならない場合とを分別しているのは勝ち、第二に、大兵力と小兵力それぞれの運用法に精通しているのは勝ち、第三に、上下の意志統一に成功しているのは勝ち、第四に、計略を仕組んでそれに気づかずにやってくる敵を待ち受けるのは勝ち、第五に、将軍が有能で君主が余計な干渉をしないのは勝つ。これら五つの要点こそ、勝利を予知するための方法である。したがって軍事においては、相手の実情を知って自己の実情も知っていれば、百たび戦っても危険な状態にはならない。相手の実情を知らずに自己の実情だけを知っていれば、勝ったり負けたりする。相手の実情も知らず自己の実情も知らなければ、戦うたびに必ず危険に陥る」

第一に、戦ってよい場合と戦ってはならない場合とを分別しているのは勝ちである。この冒頭の文が特に重要である。大戦略、軍事戦略、作戦戦略レベルがきちんと整合され統一されているか。そうでない場合は戦ってはならない。勝つためには、戦ってよい場合と戦ってはならない場合をきちんと見極めなさいと『孫子』は喝破する。日本はミッドウェー作戦で主力空母四隻を失い、ガダルカナル島でもまたあまりに多くを失う。そしてこの二つの戦いをターニングポイントとして軍事作戦戦略的には受動に追い込まれ、ここから敗退が重なりゆくことになった。

第四章
インパール作戦

インパール作戦、ビルマのジャングルを行く給水部隊
（1944年06月05日撮影、毎日新聞）

1 『孫子』の兵站重視と「インパール作戦」の兵站軽視

†『失敗の本質』アナリシスと牟田口の個性

『失敗の本質』では、インパール作戦を扱った章の冒頭でこれを「しなくてもよかった作戦」と評している。昭和一九年三月から七月初旬までの間、戦局の悪化に伴うビルマ（現ミャンマー）防衛のための「攻勢防御的作戦計画」に基づいて作戦に参加した日本陸軍は、あまりに多くを失った（参加人員約一〇万のうち戦死者約三万、戦傷および戦病のために後送された者は約二万、残存兵力のうち半分以上も病人であった）。これは、作戦の発案者であり責任者であった第一五軍司令官牟田《むた》口廉也《ぐちれんや》中将の特異な「個人的性格」による悲劇的作戦として論じられることが多い。

インパール作戦終盤、作戦に従事していた第三一師団が再三の要請をしても補給をロクに受けられず、戦力の維持が難しく、ついに師団長の佐藤幸徳中将の独断で後退を開始した。そのとき、牟田口軍司令官は、後方にいた司令部将校全員を集めて次のような訓示をした。「諸君、佐藤師団長は、軍命に背きコヒマ方面の戦線を放棄した。食う物がないから戦争は出来んと言って勝手に退りよった。これが皇軍か。皇軍は食う物がなくても戦いをしなければならない。

兵器がない、やれ弾丸がない、食う物がないなどは戦いを放棄する理由にはならぬ……」。この一言が牟田口という人物の個性を物語っている。

『失敗の本質』一章「失敗の事例研究　4　インパール作戦――賭の失敗」末尾の「アナリシス」では、インパール作戦の悲劇は「牟田口の個人的性格、またそのような彼の行動を許容した河辺（方面軍司令官）のリーダーシップスタイル」などよりも、「人情という名の人間関係重視や組織内融和の優先という陸軍という組織に浸透した組織文化」に淵源があったと分析している。そして「このような人間関係や組織内融和の重視は、本来、軍隊のような官僚制組織の硬直化を防ぎ、その逆機能の悪影響を緩和し組織の効率性を補完する役割を果たすはずであった。しかしインパール作戦をめぐっては、組織の逆機能発生を抑制・緩和し、あるいは組織の潤滑油たるべきはずの要素が、むしろそれ自身の逆機能を発現させ、組織の合理性・効率性を歪める結果となってしまったのである」と組織論の視点から結論づけている。

†インパール作戦への道

本章ではこうした結論を踏まえた上で、『孫子』『戦争論』の視点から、牟田口の起案した「インパール作戦」の「攻勢防御」と、対する英軍側の第一四軍司令官スリム中将が追求した「自己勢力圏からの後退による防勢作戦」の考えを、作戦戦略、軍事戦略のそれぞれのレベル

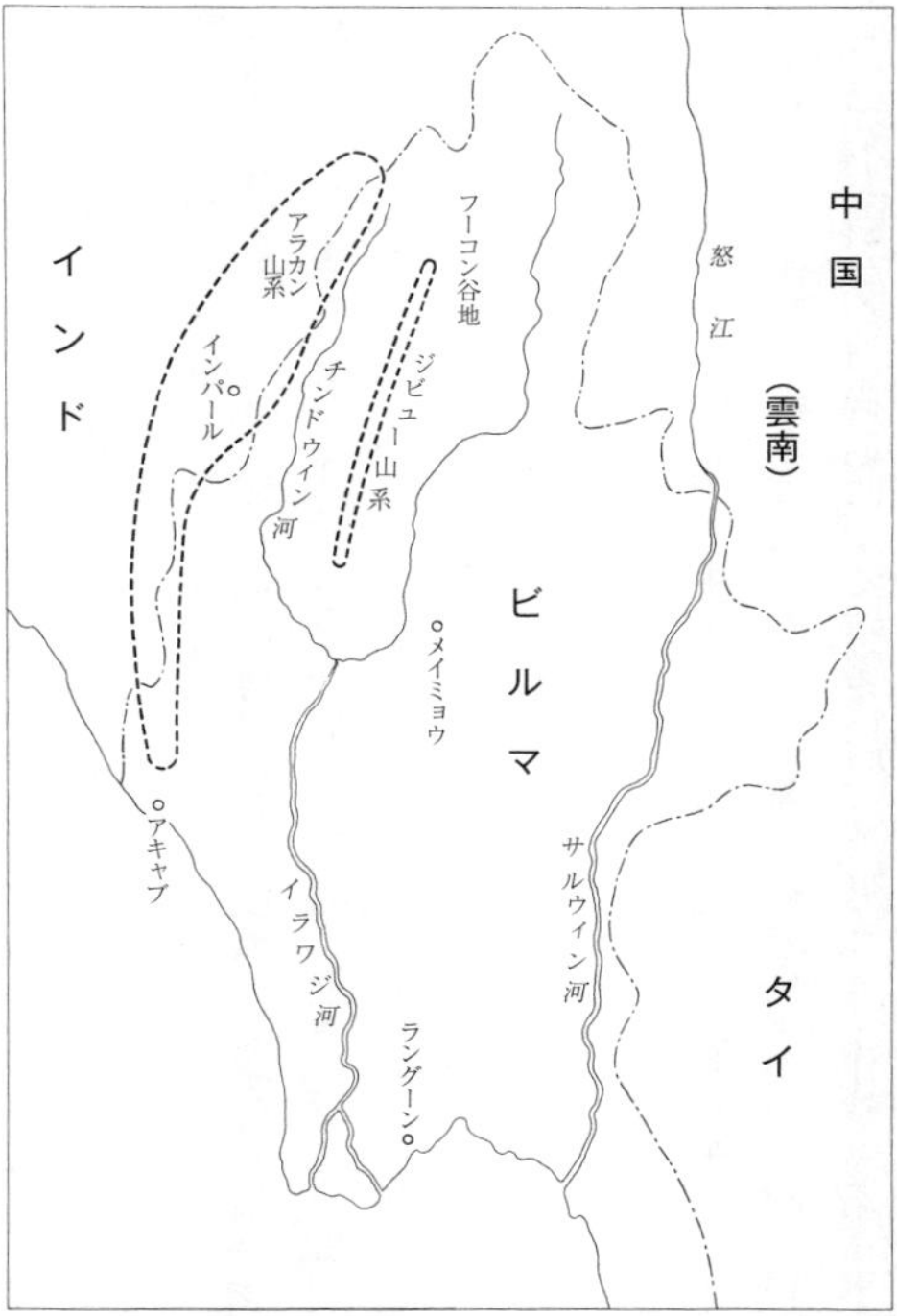

図7　ビルマ略地図（『失敗の本質』中公文庫より）

に紐づけてみる。

インド進攻作戦の構想自体は、それによって蔣介石政権の補給路を遮断するとともに英国を脱落させ、大東亜戦争全体を終わらせるきっかけとしたい大本営の考えに基づき、戦争の初期段階である昭和一七年から存在していた。この作戦構想は「二一号作戦」と呼ばれたが、作戦地域になるインド・ビルマ国境地帯が険しい山系、ジャングル地帯で交通網が貧弱であり、現地での食料調達困難で疫病が蔓延するなどあまりに悪条件であり、保留となっていた。

当時、その主力となる第一八師団長であった牟田口もこの作戦に反対した。だが戦争全体の戦局が悪化するなかで、英印軍（連合軍）はビルマ国境周辺において徐々に積極的な作戦展開を始めていた。加えて、連合軍は制空権を握ったことを利用して空挺挺身のウィンゲート旅団をビルマ北部に降着させ、日本軍の戦線後方の占領地内で攪乱行動を実施したため、日本側は損耗を多く出していた。こうしたことから、連合軍によるビルマ奪回のための準備は徐々に本格化する兆しあり、と陸軍は認識し始めていた。

この予想される連合軍の本格的反攻に対処するべく、陸軍は新たにビルマ方面軍を新設してその方面軍司令官に河辺正三中将を任命し、その隷下に第一五軍が組み込まれて牟田口が軍司令官に昇格した。牟田口は、連合軍がビルマ国境の三正面から反攻を開始する準備中と考え、これまでの守勢的にビルマ防衛をするやり方ではなく、攻勢防御に立つことを唱えたのである。その時点での防衛第一線であったジビュー山系では不十分であり、チンドウィン河の線まで推進したとしても不十分なので、この際、攻勢に転じて連合軍反攻の策源地となっているインパールを攻略するとの発想であった。

『失敗の本質』にも書かれているように、これについては部下幕僚たちがあまりにも無謀であるとして翻意を迫った。牟田口の指揮する第一五軍の上級部隊に当たるビルマ方面軍、南方軍司令部にもこの作戦構想に容易には同意せず、攻勢防御を行うにしてもあくまでビルマ防衛を作戦目的とする局部的かつ限定的なものであるべきという声が強く上がったが、牟田口は積極的な攻勢作戦をとる自説に固執し続けた。

†スリム中将の「後退作戦」構想

牟田口と対峙する英国第一四軍司令官はウィリアム・スリム中将であった。昭和一八年から一九年にかけての印緬《めん》国境を勢力圏とする英国第一四軍の課題は、当面する日本の第一五軍に対し積極加動的な攻勢案を採るべきか、あるいは他の方策を採るべきかであった。当時の連合軍はビルマの日本軍に対し、圧倒的に優勢な戦力を保持する外線態勢にあり、ビルマ北側のフーコン渓谷に米軍のスチルウェル将軍が指揮する米支軍約一〇万人、北東の雲南省に支那の重慶軍約三〇万人、西南端のベンガル湾岸のアキャブ方面を海上から脅威し、西側の印緬国境正面に英印軍約一二〇万人という優勢な戦力を展開しており、対するビルマの日本軍は内線態勢にあり、印度国民軍などを含み約二五万人であった。

このように圧倒的に優勢な戦力を保持しておりながら、スリム中将が採用したのは、英国第一四軍が勢力圏としていた印緬国境の防衛主線の長隘路の後方遠くの印度国内に後退する防勢作戦という一見消極的とも思える作戦考案であった。攻勢至上主義を主唱する日本軍は積極果敢な攻勢を行うも、標高二〇〇〇メートルを超えるジュノー山脈、アラカン山脈などの山岳障害やチンドウィン河などの河川障害を踏破させ、長大にして縦深横広な作戦線とそのための後方兵站線の維持の難しさから、自ずから攻勢の限界に達するだろう。それを戦機として捕捉し、撃破するものであった。

戦史研究家で作家の土門周平は、机上の戦略・戦術的な論議としては「自己が勢力圏として支配する要域を放棄して後方の要線において防勢を採り、敵方が攻勢の限界点に達し弱点を暴露する戦機に乗ずる作戦考案」はあり得るが、責任ある軍司令官がこのような一見消極的と見なされやすい作戦を現実に採用することは、「凡庸な将帥が到底なし得るところには非ず」と感嘆し、スリム中将の決断を賞賛している。

†『孫子』地形と将兵心理

牟田口の唱えた「攻勢防御」という考え方は作戦戦略や戦術の上で戦理として存在し、それは実際の戦場においてしばしば成立する。ただ、同時に理に走りすぎて、作戦遂行上検討しなければならない後方兵站を軽んじ、重んじなければならない実行の可能性を無視するようなことは厳に慎まねばならない。前章のガダルカナルでも触れたが、『孫子』は戦闘が始まってからの将兵個人が主体的に勇戦敢闘することだけに期待するのを戒めており、作戦準備と戦闘直前までに勢いをもって戦闘に加入できる態勢を整えておくべきと説いている。そのために、作戦地域として予想される戦場全体の地形をしっかりと掌握する必要があり、その要訣を次のように論じている。

「孫子曰く、凡《およ》そ用兵の法たる、散地あり、軽地あり、争地あり、交地あり、衢地《くち》あり、重地あり、圮地《ひち》あり、囲地《いち》あり、死地あり」（九地篇）

〔訳＝兵力運用上からみた地形の特性は、次の九つに区分できる。兵士が四散しやすい「散地」、兵士が逃亡しやすい国境近傍の「軽地」、勝敗の鍵をなす緊要地形の「争地」、交通・連絡の要衝である「交地」、諸国の勢力が集中・交錯する「衢地」、進退が容易でない「重地」、行動困難な「圮地」、進入しやすいが脱出困難で包囲されやすい「囲地」、そし進退ともに困難な「死地」である〕

この一文は地形の様相のみで単純に区分しているのではなく、将兵の心理的要素を組み込みつつ地形の軍事的な特性について言及しているのが特徴である。なお、『孫子』が生み出された時代は春秋時代後半であり、当時は職業軍人だけが主体ではなく、戦争のたびごとに国中からかき集められた農民が兵士となる召集部隊も主体であった。その訓練程度や士気なども、近代以降のプロフェッショナル化された軍隊とは比較にならないくらい低いものであった。そうした観点から、兵士個人が常に士気高く勇戦敢闘を期待するなど望むことはできず、状況次第では離散逃亡が当然のように発生した。したがって、『孫子』はいかにして組織全体に勢いを持たせたままに戦闘に突入させるかに腐心した。

一方で、牟田口が指揮をした第一五軍隷下の師団は、「皇軍」として孫武の時代とは比較にならないくらいに士気も練度も高かったのは事実である。しかし部隊将兵の勇戦敢闘に過度に恃みとするだけの作戦計画を立てるべきではないし、いかに作戦に従事する将兵の負担を軽減させられるか方策を講じるのは野戦軍指揮官たるべき者の責務というのが『孫子』の主張である。

†『孫子』戦闘部隊と兵站部隊

『失敗の本質』でも触れられているが、「インパール作戦」にあたって牟田口は補給をあまりにも軽視し、「もともと本作戦は普通一般の考え方では、初めから成立しない作戦である。糧は敵によることが本旨である」などといって、補給を担う兵站部隊を要するのはインパールを攻略したあとのことだと、独善的に都合よく考えていたのである。『孫子』は、次のように敵地奥深く進攻する作戦に従事する将兵と、その補給の関係について次のように述べる。

「凡そ、客《かく》たるの道は、深く入れば則ち専らにして、主人克《か》たず。饒野《じょうや》を掠むれば、三軍の

食足る。謹み養いて労すること勿れ。気を併せ力を積み、運兵計謀の測るべからざるを為せ」(九地篇)

〔訳＝そもそも敵地に深く侵攻すれば、自軍の将兵の団結・士気・規律は自ずと強化される。そうなれば防御する敵の勝利は非常に難しい。これこそが侵攻軍の守るべき大原則である。敵が支配する肥沃な地域を攻略せよ。そうすれば自軍の補給は充分となる。敵地に奥深く侵攻する作戦においては、特に将兵の補給面に配慮し、つまらない雑用で将兵を疲労させてはならない。将兵の士気・団結・規律を強化し、兵力を温存せよ。作戦行動に関しては、敵だけでなく身方に対しても厳重に企図を秘匿せよ〕

作戦の前段階から補給のことを考えずに、地形が厳しい敵地奥深くに大部隊を進攻させるなどは考えられないのである。なお、『孫子』はこの一文のなかで食料を現地調達せよとも取れる言及をしているが、これは効率性を考えた上で可能なものは現地調達を行えとの意味を出るものではない(『孫子』作戦篇には同様に「糧は敵に因る……智将は務めて敵に食む」という言葉があるが、やはり可能な限り努力せよという意味を出るものではない)。牟田口のいう、糧を敵によることが本旨などではない。

事実、『孫子』は「攻勢防御」のようにリスクが高くとも積極的に先制主動を争奪して、敵を制しようとするときに、進撃速度が異なる戦闘部隊と兵站部隊があまりに離隔してしまい、兵站部隊が戦闘部隊に補給をできなくなる可能性を次のように明確に警鐘を鳴らしている。

「故に、軍争を利と為し、軍争を危と為す。軍を挙げて利を争えば、則ち及ばず。軍を委《す》てて利を争えば、則ち輜重《しちょう》捐《す》てらる」（軍争篇）

〔訳＝そもそも、戦場における先制主動の争奪においては、利益と危険が常に表裏一体の関係にある。先制主動の利を獲得しようとして、軍の総力を残らず投入しても、目的が達成できない場合もある。そこで、後方兵站部隊を残し、身軽な戦闘部隊だけで先制主動の争奪に専念すれば、後方兵站部隊を失うことになる〕

「是の故に、甲を巻いて趨《はし》り、日夜処《お》らず、道を倍して兼行し、百里にして利を争えば、則ち三将軍を擒《とりこ》にせらる。勁き者は先だち、疲るる者は後る。其の法、十一にして至る。五十里にして利を争えば、則ち上将軍を蹶《くじ》かれ、其の法、半ば至る。三十里にして利を争えば、則ち三分の二至る。是の故に、軍に輜重無ければ則ち亡ぶ。糧食無ければ則ち亡ぶ。委積《いし》無ければ則ち亡ぶ」（軍争篇）

〔訳＝武具を脱いで軽装になり、昼夜休まず、百里の道を二倍の速度で、先制を争って強行軍をすれば、（前衛・本隊・後衛の）三人の指揮官のいずれもが捕虜となるであろう。なぜならば、健兵は到着するが、弱兵は落伍するからである。つまり、このような強行軍をとるならば、目標地点に到着する兵力はわずか一〇分の一になってしまう。五〇里であれば前衛部隊の指揮官は倒され、わずか半分の兵力がたどり着くに過ぎない。三〇里であっても、到着する兵力は三分の二に過ぎないであろう。それゆえ、後方兵站部隊、糧食、軍需品がなければ、軍は自壊する）

2 『孫子』の戦場の攻防において保つべき視座と日本軍

†『孫子』の攻撃の不利、防御の有利

牟田口が自軍の補給を考慮せずに、「皇軍」の「精強」さを過度に恃んで「攻勢防御」というコンセプトで攻勢に出たのに対して、英国第一四軍司令官スリム中将は「後退作戦」というコンセプトで当初防勢に出た。当面する日本の第一五軍に対して絶対的・相対的に圧倒的に優勢な戦力を保有していながら、戦力的に優勢を保持できる防勢作戦により、持久をまず追求した。そして、日本軍に厳しい山岳障害と河川障害を持つ長大かつ広範囲の空間を与えて積極的

に攻撃前進をさせ、後方兵站線を長く伸ばさせて消耗戦を強要し、日本軍が攻勢の限界に達したとき、果敢な攻勢作戦に転じようと企図したのである。

攻勢と防勢、攻撃と防御の関係については、次章の「マリアナ沖海戦」で改めて述べる。ここでは攻勢、攻撃という言葉に付随する積極主動のイメージと、防勢、防御という言葉に付随する消極受動のイメージが一般的に持たれやすいが、攻撃する側の不利な点、防御する側の有利な点を『孫子』は次のように述べている。

「孫子曰く。凡そ、先に戦地に処りて、敵を待つ者は佚《いっ》し、後れて戦地に処りて、戦いに趨る者は労す。故に、善く戦う者は、人を致して人に致されず」（虚実篇）

〔訳＝戦闘においては、戦場に支配する要点を先に占領して敵を待つ者が有利となる。敵が待ちかまえている戦場に遅れて到着し、あたふたと戦闘に突入していく者は、その段階で戦力的に不利なのである。したがって、戦いの機微を知る名将は、自らが選んだ戦場に有力な敵部隊を引き寄せはするが、自らは敵に誘い込まれるようなことはしない〕

「能く敵人をして自ら至らしむる者は、之を利すればなり。能く敵人をして至るを得ざらしむる者は、之を害すればなり。故に、敵、佚すれば能く之を労し、飽けば能く之を饑えしめ、

安んずれば能く之を動かす。其の必ず趨く所に出で、其の意《おも》わざる所に趨く」（虚実篇）

〔訳＝敵を自分の思い通りに動かすことができるのは、敵に利益を与えるからである。敵が自らの思惑通りに進出できないようにさせるのは、敵の戦力の削減・妨害を図るからである。敵が有利な立場（主動的地位）にいるときは、それを切り崩し、敵の戦力を低下させることに努めよ。休養十分な敵に対しては補給を断て。休息している敵には、対応行動を余儀なくさせよ。敵が進出せざるを得ない戦場の要点は、先回りして奪取せよ。敵が予期していない戦場の要点は、速やかに急襲せよ〕

†連合軍にビルマ奪回の計画はなかった

本章の冒頭で『失敗の本質』ではインパール作戦を「しなくてもよかった作戦」と評していると述べたが本書もこの見解に基本的に同意している。これは「攻勢防御」のコンセプトを無理に採用した作戦戦略レベルの間違いであるのみならず、より上位の軍事戦略レベルにおいても、連合軍はそもそもビルマ全土を奪回する計画を最終的には持たなかったからである。このことが詳しく書かれたものに『インパール作戦――その体験と研究』（磯部卓男著、丸ノ内出版）がある。これによると、スリム中将の上官であったマウントバッテン海軍大将（東南アジア戦域軍総司令官）は、ビルマを含む東南アジアで実施される作戦は、可能な限り太平洋における作戦に貢献しうる支作戦正面であるべきだとした。

この考えに基づいて連合軍は中国を援助し、ビルマの日本軍に対して牽制作戦を行い、可能な限り太平洋正面に配置されている日本軍兵力を牽制吸引させることを企図した。だが、全面的なビルマ奪回作戦は、兵力資材を多量に投入したうえで多くの損害が見込まれ、補給が困難であるから実施しないものとした。これを踏まえて、スリム中将は先に述べたように自軍をインパール平地に後退集中し、日本軍の兵站線の伸び切った時期と場所で主動的に決戦を求めることを考えていたのである。第一五軍はこの仕掛けられた罠を知らずに、インパールへ向けてあまりにも犠牲が多い突進を命ぜられたのである（これを知っているのは歴史の後知恵という側面はある）。

†「迂直の計」（直接戦略と間接戦略を知って行動せよ）

『孫子』には「迂直の計」という概念があり、これまでに数多くの学者がその解釈を試みてきている。いろいろな説明があるが、ここではシンプルに敵味方双方の直接戦略と間接戦略を知った上で、指揮官は自らの裁量を行使しなければならないという意味に解釈したい。つまり牟田口の立場ではマウントバッテン、スリムそれぞれの軍事戦略、作戦戦略の看破に努め、軍事合理的に十分に考え抜いた上で、自軍の作戦戦略に反映させなければならなかったのである。

「軍争の難きは、迂を以て直《ちょく》と為し、患《うれ》いを以て利と為すにあり。故に、其の途《みち》を迂にして、之を誘うに利を以てす。人に後れて発し、人に先んじて至る。此れ、迂直の計を知る者なり」（軍争篇）

〔訳＝戦場における戦闘の駆け引きほど難しいものはない。その難しさは、迂回行動をもって近道とし、迂回に伴う危険を克服して自軍の有利な態勢に変えていくことにある。したがって、迂回行動をとるにあたっては、自軍の迂回経路をくらまし、敵を他の経路に引き付け、その進出を牽制・妨害せよ。こうすれば、敵に遅れて出発しても、先に到着することができるであろう。このような行動をとる者は、直接戦略と間接戦略のいずれをも理解していなければならない〕

「諸侯の謀を知らざる者は、予め交わること能わず。山林・険阻・沮沢《そたく》の形を知らざる者は、軍を行《や》る能わず」（軍争篇）

〔訳＝周辺諸国の最高政治指導者たちの、我が国に対する政戦略の実態を解明しなければ、事前に折衝することはできない。地理的条件（山岳・森林・危険な隘路・低湿地帯・沼地）に伴う戦術的特性を知らない者は、軍隊の機動・行軍を指揮できない〕

牟田口とスリム

日本陸軍という組織の通弊として、軍事合理的に考え抜くことの至難性を垣間見る思いがする。個人的な資質もあったであろうが、牟田口も陸軍という組織によって育成された典型的軍人であり、典範令が主唱する「攻勢至上主義」から離れて軍事合理的に思考することは難しかったのであろうか。なお、スリムはエリート階級ではなく中産階級の出身で、士官学校もオックスブリッジなどの大学とも縁がなく、第一次世界大戦の渦中で急造された「将校養成団（OTC）」の出身であった。たたき上げの将校の道を歩んできたスリムには思考をしばる典範令の如き軍事教義などもなく、現実に戦場で遭遇した事態を試行錯誤で生き抜いてきたため、結果的に軍事合理的に思考し行動する以外の道はなかった。

第二次世界大戦終了後の一九四八年には、モンゴメリー元帥の後任として大英帝国陸軍参謀総長に就任しているから、イギリスにおいては屈指の卓越した将軍として評価されていたのであろう。これもやはり後知恵になるが、帝国陸軍の典範令に淵源する「攻勢至上主義」という作戦・戦闘教義によって思考を硬直化させられていた河辺正三も牟田口廉也も、軍事合理主義に即して柔軟に思考し行動することができるスリム将軍と対峙したことは不運であった。

第 五 章

マリアナ沖海戦

マリアナ沖海戦・日本艦隊を攻撃する米艦載機
（1944年06月19日撮影、毎日新聞）

1 『孫子』『戦争論』の攻撃と守備・防御の考え方と日本軍

†攻撃と守備はシンプルで難しい

『失敗の本質』では取り上げなかったが、本章では、大東亜戦争における日本の軍事的敗北を決定づけた「マリアナ沖海戦」を考えてみる。本章で用いる『孫子』の視点は、攻撃と防御(守備)という基本的でシンプルな概念である。

攻撃と守備という概念は野球やサッカーなどといったスポーツ、あるいはビジネスの世界でもしばしば使われる。スポーツではルールが決められて攻撃側・守備側に分かれ、たとえば野球では一回表・一回裏のように攻守が交代し、サッカーは守備と攻撃が入り乱れるかたちで展開していく。では戦争・武力戦においては、これらの概念をどう理解すべきなのか。

これは大東亜戦争を読み解いていくうえで、非常に大きなポイントとなる。軍事のプロフェッショナルである軍人は当然、攻撃と防御という基本概念を理解していると思われがちだが、実はここに大きな落とし穴がある。たとえば、先にみたガダルカナルの戦いのような一戦場における作戦戦闘や戦術レベルにおいては、攻撃と防御の概念は比較的線引きしやすい。だが、戦場が複数に跨《また》がって戦域となり、それがさらに複数の戦域に跨がる事態となった場合には、攻撃と防御という概念自体は相変わらずシンプルでも、そこに含まれる意味合いはより広義なものとなる。

一戦場での攻防の結果をみて、自国と敵国の間で行われる戦争・武力戦の全体が攻勢状態と防勢状態のどちらに傾いているかを見極め、そして、戦争指導・軍事戦略レベルでより攻勢に重心をかけていくのか、防勢に重心をかけていくのかを大局的に判断をしなければならないときがある。ミッドウェーの戦い、ガダルカナルの戦いで日本は太平洋正面で展開する作戦能力の限界を自覚し、彼我の攻防の転換期に至った。そのような戦略的判断をなすべき時機を迎えていた。米軍に押され始めた陸海軍は次にどこの戦域で米軍に反撃を行い、勝利するかといったことも速やかに調整する必要に迫られていた。

だが、これよりみていくが、陸軍と海軍の用兵思想の根本的な違いもあり、それは形式や名称の上ではともかく、実質的には共同して戦う態勢にまでもっていけなかった。まず、ガダルカナル島の軍事戦略的な価値について陸海軍の間で紛糾し、その調整に相当の日時を要し、ガダルカナル島からの撤退を果たした後、爾後武力戦をどのように展開するべきか陸海軍が調整できず、六カ月後の昭和一八年九月三〇日に至り有名な「絶対国防圏」が大本営政府連絡会議で決定された。この時東條は「この半年我々は何もしなかった」と言ったとされる。「絶対国防圏」についても後ほどみていくが、名称は勇ましくとも、そのコンセプトの細部においては陸軍と海軍では共通認識の上に立ったといえるものでもなく、「絶対国防圏」圏内外での攻撃と防御の考え方などは同床異夢の状態であった。

なお、史実として知られているように日本海軍が乾坤一擲の決戦を目指し生起したマリアナ沖海戦を行うのではなく、そこを放棄して、決戦場所と時機を根本的に変えて戦う決戦思想が存在した。これは第一章でふれた陸軍省で軍務局長を務めていた佐藤賢了が主唱したものであった。佐藤の遺した記録にそってこの幻となったマリアナ放棄論を取り上げながら、中部太平洋のマリアナ決戦以外にどのような作戦戦略・構想がありえたかをみる。加えて、陸軍・海軍はそれぞれ攻撃と防御という概念をどう捉えていたのかを見ていく。

†誤解された『孫子』の守備・防御

『孫子』全一三篇のそれぞれのなかで対象にしている用兵や戦場・戦域などの規模について不明瞭な部分がある。二〇〇〇年以上にわたって読み継がれてきているなかで、読み手が十分に理解できない部分を、原典が間違っているとしてそのテキストを変えてしまった部分があり、攻撃と防御について語る部分などがそうした可能性が高い。

「孫子曰く、昔えの善く戦う者は、先ず勝つ可からざるを為して、以て敵の勝つ可きを待つ。勝つ可からざるは己に在るも、勝つ可きは敵に在り。故に善なる者は、能く勝つ可からざるを為すも、敵をして勝つ可から使むること能わず。故に曰く、勝は知る可きも、為す可からざるなりと。勝つ可からざるは守にして、勝つ可きは攻なり。守らば則ち余り有りて、攻むれば則ち足らず。昔えの善く守る者は、九地の下に蔵《かく》れ、九天の上に動く。故に能く自ら保ちて勝を全うするなり」(『竹簡孫子』形篇)

〔訳＝孫子はいう。古代の巧みに戦う者は、まず敵軍が自軍を攻撃しても勝つことのできない態勢を作りあげたうえで、敵軍が態勢をくずして、自軍が攻撃すれば勝てる態勢になるのを待ち受けた。敵軍が決して自軍に勝てない態勢を作り上げるのは、己に属することであるが、自軍が敵軍に勝てる態勢になるかどうかは、敵軍に属することである。だから巧みな者でも、敵軍が決して自軍に勝てない態勢を作ることはできても、敵の態勢をくずして自軍が攻撃すれば勝てる態勢を取らせることはできない。そこで、敵軍がこうしてくれたら、自軍はこうして勝てるのだがと、勝利を予測することはできても、それを絶対に実現することはできない、といわれるのである。敵軍が自軍に勝てない態勢とは守備なる形式のことであり、自軍が敵軍に勝てる態勢とは攻撃なる形式のことである。守備なる形式を取れば、戦力に余裕があり、攻撃なる形式を取れば、戦力が不足する。古代の巧みに守備する者は、大地の奥底深くに潜伏し、好機を見ては天高く機動した。だからこそ、自軍を敵軍の攻撃から保全しながら、しかも敵軍の態勢のくずれを素早く衝いて、勝利を逃さなかったのである」

『孫子』は大別すると二種類ある。ひとつは『魏武注孫子』と呼ばれるもので、もう一つは『竹簡孫子』と呼ばれるものである。そしていま引用した『孫子』の言は、『竹簡孫子』であり、『魏武注孫子』と比較すると、攻撃と防御（守備）については大きな違いがある。

傍線が引かれた部分「守らば則ち余り有りて、攻むれば則ち足らず」（守備なる形式を取れば、戦力に余裕があり、攻撃なる形式を取れば、戦力が不足する）は、『魏武注孫子』では「守るは則ち足らざればなり、攻むるは則ち余りあればなり」（戦力が劣勢だから、守備にまわり、戦力が優勢だから、攻撃する）となっている。『魏武注孫子』のこの部分は一般論としては理解しやすく、どこか常識的なことを述べているようにみえるが、孫武の真意はそこにはないと考える（これについては本章の終わりで改めて言及したい）。

†二つの『孫子』

日本は古くから『三国志』のなかに出てくる「治世の能臣、乱世の奸雄」で有名な曹操が注釈をした『魏武注孫子』を受け入れ、江戸時代から昭和時代に至るまで研究を重ねてきたが、一九七二年、日中の国交が正常化した年に山東省の銀雀山で前漢時代の墓から竹簡に記された『竹簡孫子』が発掘され、その後約一〇年かけて中国の社会科学院がこれを解読した。このときには『魏武注孫子』の三分の二に相当する分量のものが発見され、百数十カ所の異同があった。この攻撃と防御について『魏武注孫子』と『竹簡孫子』では異なるが、後者のほうが適切だと思う。

なお、『竹簡孫子』の存在を知らずにこのことを指摘したのは江戸時代の儒学者、佐藤一斎である。佐藤一斎は次のように考えた。孫武は「戦力が足りないから守り、戦力があるから攻撃する」というが、自分は兵学者としてそうは思わないとした。彼はこの発言により世間的に非難されたが、死に至るまで訂正することはなかった。それから時代は下り、一九七二年に発掘された『竹簡孫子』により、佐藤一斎の主張は理屈に適っていたことが証明された。これについては中国思想研究で著名な東北大学文学研究科でもいまだ結論が出ておらず、『竹簡孫子』を編訳した浅野裕一氏も判然と識別はしていないが（『孫子』講談社学術文庫、一九九七年）、こうした考え方で再度見直す必要がある。

†守備・防御を重視する『孫子』

孫武はこの一文で、攻撃と防御（守備）の二つの概念を取り上げて相対的に比べながら、防御（守備）により重心を置くと述べた。その第一の理由は、防御（守備）はその準備も含めて自軍が主導権をもって、その裁量と努力次第でかなり確実性を増すことができるのに対して、攻撃の成否については、敵軍の動きに影響をされる不確実性が増すからである。第二の理由は、攻撃をかけて勝利をもぎ取るよりも、敵軍の攻撃によって敗北を喫しないことを優先するからである。そして第三の理由として、防御（守備）に重点を置くのはその戦力を保全させる上でも有利であって、より一層強力な形式だからである。

なお、ここで孫武のいう防御とは自軍が十分な防御の態勢を整え、敵軍が攻勢・攻撃に出てくるなかで、敵軍は次第に消耗を重ねていくことを考えている。さらに、そのなかで自軍は戦力を保全しつつ敵軍の消耗すなわち攻勢・攻撃の極限点を見極め、攻撃・攻勢へと転移していく積極的な性質を有している。孫武の説くこの防御（守備）の考え方を、単純に戦場や一局面における攻撃・防御を説いたものとして捉えるだけでなく、戦域や複数のそれに跨る次元、あるいは武力戦全体にも当てはめて考えてみる必要がある。その場合、一つの戦場における時間軸や空間軸よりも複雑になるが、価値の優先順位を明確に定めて整理し、防御の態勢・不敗の態勢をつくったうえで決戦を挑んで戦果を勝ち取り、そのエンドステートとして戦争・武力戦を終わらせることにつながってくる。

価値の優先順位を決めていくなかでは、たとえば、自らの勢力圏あるいは領土となった土地を死守するのに重きを置くのか、それともあくまで敵主戦力を撃滅するのを優先目標とするのか、という二項対立に至る場合がある。この二つを追求できるのであればよいが、攻勢から防勢へと追い込まれ始めた場合、どちらをより優先にするかを武力戦全体で考えることは容易ではない。本章ではこのことを念頭において、ガダルカナル撤退から「絶対国防圏」の設定、そして、マリアナ沖海戦前後のことを論じていく。

†ガダルカナル島撤退論争

以上のことを踏まえたうえで、ガダルカナル島からの撤退以降の日本の対応について述べていきたい。日本は昭和一八年二月にガダルカナルからの撤退を終えたが、そこに至るまでに大本営はなかなか撤退を認めなかった。昭和一七年一〇月二五日に第二師団を中核とする総攻撃が失敗に終わっても、大本営はガダルカナルの基地の奪回を主張していた。陸軍省軍務局長を務めた佐藤賢了によれば、当時の大本営の主張は次のようなものであった。

ガ島を攻略し、ソロモン作戦を完遂すれば、米豪の連絡を脅威できるという積極的利益があるばかりでなく、消極的防衛の見地からしても、米国最大の反攻路南太平洋唯一の基地ラバウルを安全に確保するためには絶対必要である。特にガ島の戦闘は敵の最初の反攻だから、これが勝敗は単に作戦的の価値だけでなく、敵の攻勢意志を挫折させ得るか否かの岐路であり、今後の戦争指導上、極めて重要な意義を持つ。しかもガ島にはすでに第一七軍司令官以下三万の皇軍が戦闘中であり、これを撤退させることは、攻撃を続行するよりもさらに困難である。(『佐藤賢了の証言』)

これに対して、佐藤は一七年八月以来のガ島の戦況の推移をしずかに眺めて来て、ガ島奪回を断念し、むしろ撤退すべきであるとの意見を固めた。その理由は次のようなものであった。

このような戦闘を続けたら、国力戦力の根幹たる輸送船をたちまち消耗してしまい、国家の運命を、日本人が誰も知らないガ島にかけて敗北を招来するに決まっている。参謀本部(統帥部)の主張するような理由は、いかなる利益も、どんなよいことも、それはみな必要論であり、希望論に過ぎない。なるほどガ島からの撤退は攻撃よりも困難である。もとより万難を排して救出しなければならないが、最悪の場合には忠勇な三万の将士を見殺しにする結果に陥るようなことがないとは保証し難い。それはまことに断腸の思いであるが、国の運命をガ島にかけてはならぬ。(同前)

†軍事戦略と作戦戦略の混同

大本営の主張を軍事戦略レベル・作戦戦略レベルで分けて考えてみると、いくつかの混同が見られる。たとえば「敵の攻勢意志を挫折させ得るか否かの岐路であり」とあるが、ここで無理をして一時の勝ちをおさめることができたとしても、米国の攻勢意志を挫折させられるかどうかはまったく別次元で論じられるべきものだ。だが大本営はそこで概念整理をしなかった。

一方で佐藤は「三万の将兵を救えないかもしれないが」と、極めて怜悧なことを述べてもいる。

ガ島の撤退についてはこうした議論がなされたが、結論は容易に出なかった。第二師団を中心とする第二回総攻撃が失敗に終わった一〇月二五日から一カ月後、一一月二六日の時点でも、参謀本部・軍令部にはさらに船を徴用してガ島奪回をするべきと主張した。陸軍は三七万トン、海軍は二七万トン、合計七五万トンの船を徴用し、何としてもガ島を奪回する方針を固めつつあった。

ただ、仮にこのような徴用に応じてしまえば、その分後方で軍需生産を支える基本となる鋼材生産量が二〇〇万トン減ることが考えられ、最低四〇〇万トンの鋼材生産量がなければ戦争を継続する見込みが立たない以上、それは無理な相談であった。東條と佐藤の間では話し合いが持たれ、七五万トンの船舶徴用に応じられず、ガダルカナルの奪回は断念するべきだと佐藤が東條に上申した。東條はガダルカナルから撤退した後の戦争指導をどうするべきかと尋ねると、佐藤は次のように回答した。

†間合いを取る守備

昭和一七年二‐三月、初期南方進攻作戦が終わった段階でその作戦目標である資源地帯を占領した後は、これを固めて防御の態勢を確立させて、敵の反攻を撃砕・破砕するのが陸軍の基本的な方針であった。しかし海軍は、防勢・防御には全く無関心で前へ前へと攻勢作戦を取ってしまった。その結果、ミッドウェーで敗れ、ガダルカナルでも敗れかけている。

日本が予想するよりも米国の反攻が早く、ガダルカナルで遭遇戦のようなかたちで戦いが勃発したが、その遭遇戦の戦場となったガダルカナルは足場が悪く、日本にはとても不利な状態である。現在、飛行場はすでに取られてしまい、米軍はすでにそれを戦力化している。加えて、空母などの戦力も付近では日本よりも優勢な状態になっており、制空権はほとんどが米国のものとなっている。日本は陸海軍の飛行機を投入しているが劣勢である。数の上で劣勢が仕方ないとしても、陸上基地が遠すぎてその数が少なく、空母の勢力が劣勢であるのはいかんともしがたい。

米軍の制空権の下に海上からガダルカナルにこれ以上の戦力を投入してみても、日本側の戦力は劣勢を変えられず、それは戦力の逐次使用の愚を犯すことになる。これでは勝ち目が見いだせないし、仮に奪回が成立したとしても、この島を確保することが大局からみてどのくらい役に立つといえるだろうか。またここで米軍の反攻を一時食い止めたところで、統帥部が考えている米軍がその反攻をあきらめることは生起し得ない。

本来の各島嶼を基地化して不沈空母として、米軍の攻勢の時期と場所をみて、海軍の空母でもって反撃破砕する流れに戻るべきである。したがって、現在、出すぎた前衛ともいうがガダルカナルから戦力を引き上げて、ブーゲンビルやニューギニアの中部といった場所で態勢を立て直し、米軍を迎え撃つことを考えなければ、輸送船を失い続けて国力の生命線をも失ってしまう。

†ガダルカナル撤退

この佐藤の主張に対して、ガダルカナルの奪回は御前会議を経て大命（天皇が裁可した命令）となっている以上、東條は撤退の判断を迷っていた。当時、総理である東條に加えて、政府・内閣、そして陸軍省すらも統帥権を輔翼《ほよく》する参謀本部・軍令部に対して、作戦などの統帥事項について指図はできない。これは大日本帝国憲法第一一条「天皇ハ陸海軍ヲ統帥ス」を「統帥権の独立」と見なす独特の憲法解釈を淵源とする。御前会議で何もご発言されなかった昭和天皇が実質的に陸海軍を統帥されていたかどうかはさておき、内閣総理大臣、あるいは陸軍大臣であっても軍事のオペレーションについて物申すのは難しかった。参謀総長・軍令部総長に対して明確に撤退を示すと統帥権の干犯・干渉であるとの議論を起こしかねず、ガダルカナルから撤退させるには難しさが伴った。

東條と佐藤は相談して、統帥権干犯とそしられるリスクを避けて、統帥部の船舶要求量を実質的に認めない方向で乗り切ることを考えた。このことでこれ以上の攻勢作戦をあきらめさせようとした。一一月二〇日の閣議で、陸海軍合計で二九万トンを二回に分けて徴用することを決めた。ただ、当初七五万トンの要求をこのレベルにまで圧縮してもなお、昭和一八年度の鋼材生産量は昭和一七年度の四二七万トンから三〇〇万トンへと低下するのが見込まれた。第一回徴用は一一月二一日で一七万五〇〇〇トン、第二回は、一二月五日で九万五〇〇〇トンを徴用する計画を立てた。

この段階では東條はまだ、ガダルカナル撤退の肚を決めかねていたが、それ以降は統帥部の船舶要求に対してより厳しい態度を取り、内閣と統帥部の間にかなりの摩擦が生じた。『失敗の本質』に記されているように、その過程で船舶徴用の量に不満を持っていた田中新一作戦部長が東條に対して暴言を吐いた。これが起因となり、東條は富永陸軍省次官兼人事局長を杉山参謀総長のもとへ遣わせ、田中の更迭を認めさせた（田中は一二月七日付で南方総軍司令部付の人事が発令)。田中に代わって綾部《あやべ》橘樹《きつじゅ》少将が作戦部長となり、それでもってガダルカナル島からの撤退が決したのである。形としてそれが最終的に決まったのは昭和一八年一二月三一日の御前会議であり、二月七日にその撤退が完了した。

ただ、この撤退をどのように国の内外に対して説明をするかについては苦心をした。当時、陸軍の統帥綱領には退却の文言が存在しておらず、ただ撤退の事実を議会などに報告するのに理屈を考えなければならず、その説明の仕方がまずければ国内の士気にもかかわるので相当の配慮をした。結果的にはガダルカナル撤退について、遭遇戦における「転進」という文言を使用したのである。だが実際にはこれは無理筋な理屈に過ぎず、実態としては、最も戦いの上で避けなければならない逐次退却に陥っていたのである。

2 観念で作られた「絶対国防圏」

†何となく決まっていたガダルカナル以降の防衛線

昭和一八年二月のガダルカナル撤退以降、日本軍はその主動性を失い、米軍の反攻はガダルカナルでの成功を機にソロモン群島方面、ニューギニア方面、アリューシャン方面でも次第に活発化し始めていた。しかしながら、ガダルカナル撤退以降、今度はどこを防衛線として米軍の反攻を阻止するかについて、陸海軍で合意するのは難儀を極めていた。

そのなかで妥協的産物として海軍は中部ソロモン、陸軍は北部ソロモンをそれぞれ防御する流れとなり、海軍は中部ソロモンの線を前進陣地、陸軍は北部ソロモンの線を主陣地として一応のコンセンサスらしきものに至ったが、実態としては綿密に協同して作戦を行えなかった。なぜ協同できないのかというと、ここには陸海軍の用兵思想についての大きな違いがあった。

†陸軍と海軍その防御コンセプトの違い

海軍の特性は攻勢主義であり、アクティヴに動いていく。そして海軍にはそもそも防勢・防御とか持久戦という考え方がなく、引いて間合いを取るという発想もなく、その用兵思想上、海軍には攻撃以外の戦術行動手段はなかった。また兵站線や作戦軸といった要素を考慮せず、艦艇に弾薬・食糧を積んで出撃して作戦でそれらを使い、足りなくなれば母港に帰投して再補給する考えなので、ある意味では非常に身軽であった。一方で陸軍の場合、前進すれば第一線部隊に対し、後方から推進補給しなければならず、後方兵站線が延伸していった。

陸軍の場合、後方兵站線が長くなるほどに攻撃に加えて警戒・防御もしなければならなくなる。しかし攻撃・防御・遅滞などさまざまな戦術行動のなかでも、明治四二年（一九〇九年）に改訂発布された『歩兵操典』では極端な攻勢第一主義を重視している。「蓋《けだ》し勝敗の数は必ずしも兵力の多寡に依らず。精練にして、且つ攻撃精神に富める軍隊は、克《よ》く寡を以って衆を破ることを得るものなればなり」。たとえ兵力が少なくても、必ず攻撃をせよ。やむを得ず防御の態勢に陥ったときも、チャンスを見つけて攻勢に転じるべきだという発想が重視されたのも事実である。たとえば陸軍大学校においても、どのような戦術行動を取るべきかという教育の際、攻撃という選択肢しかない。学生がそこで防御という選択肢を取ると、酷評を受けることが多かった。

しかし海軍はそもそも、防御というコンセプトを持っていない。陸軍と海軍はこのような用兵思想上の違いをきちんと把握したうえで、いつどこでどう戦うかということについて詰めて本来の姿に戻るべきであった。陸軍が各島々を確保して基地をつくり、航空機を進出させる。海軍はそのうえで空母・艦隊で機動性を自由に発揮させて、島々の航空戦力と空母・艦隊を有機的に連携させ、場所と時期を選んで果敢な反撃をしていく。これが本来の太平洋作戦の基本観念であった。

†形式だけ整えられた作戦指針

昭和一八年三月二五日に海軍は次のような作戦方針を出す。「戦略要地の防備を速に強化し、敵来攻せば、海上および航空兵力の緊密なる協同の下にこれを先制撃破す」。海軍はここで初めて防備を固め、敵の来攻をもって反撃するとの方針を出した。陸軍・海軍は用兵思想の上ではようやくひとつの統一を見るが、最大の問題はどこで決戦するかであり、そこが見えていなければこの方針も絵に描いた餅に過ぎなかった。

艦隊主力が来援して決戦を挑むまでの間、各島々が独力で持久するべく、その防御を固めるのが必要となった。このため陸軍戦力の増援が要望され、海軍も自らその強化に努めた。たとえば、陸軍では昭和一八年四月から六月までのギルバード諸島、南鳥島、ウェーキ島などに派兵されることが決まったが、こうした島々に派兵されるのは一つの島につきせいぜい一〜三大隊規模のものであり、このくらいの陸軍力では米軍の本格的な島嶼攻略の前で持久できる程度も限られていた。

また実際にはこの頃から、米軍の飛行機や潜水艦からの攻撃により守備のため戦力を運ぶ日本の輸送船が次々と沈められ、南方島々の基地の防御を固める方針も遅々として進まなかった。米軍の本格的反攻が始まるよりも前にこうした基地の防御を固めるべきであったが、ガダルカナル島の攻防で半年を費やし、貴重な陸上戦力や輸送力を大きく失ったツケが回り始めていた。そして、六‐七月に入ると中部ソロモンへの圧迫も強まり、北部ソロモンも充分に防御を固められないうちに攻撃を受けて失陥し、各個に逐次後退という流れができてしまっていた。

†天皇のご下問「本防衛線をどうするのか」

こうした流れのなかで陸軍参謀本部のなかでも、本防衛線をきちんと構築しなければならないが、それをどこと定めて、反撃をするべきなのかとの声が上がってきた。そのなかで昭和天皇は統帥部（参謀本部・軍令部）に、どこで総反撃を試みるつもりなのか御下問されたが、永野軍令部総長も杉山参謀総長もそれにまともに奉答できなかった。統帥権を声高に叫ぶ、軍事のオペレーションの実質的な責任者が戦略的な観点からどこで米軍を迎え撃ち、決戦を挑むかについて、きちんと概念整理できていないことが判明した。このことが東條の耳に入り、彼は焦燥に駆られてどこを本防衛線とするかという課題を本格化させるべく働きかけた。そこから生まれてきたのが「絶対国防圏」であった。

†「絶対国防圏」の成立

絶対国防圏は昭和一八年九月三〇日、御前会議において決定されることになった。ただ、この絶対国防圏（本防衛線）の議論を、海軍が受け入れるのは容易でなかった。本防衛線というのは本来、要塞戦術の術語で、これは攻勢を重んじる陸軍では不人気な戦術であった。要塞という考え方の基本は、永久的な築城をしてその一帯を確保するものであった。防御作戦には決戦防御、持久防御、固守防御の三種類がある。

決戦防御は地の利と防御工事の利用によって兵力の欠を補い、適当な時期に攻勢に転じるものであり、持久防御も増援を待つなど一時防勢に立つが、その目的を達すれば必ず攻勢を期待するものである。固守防御はある地域をいつまでも固守するもので、最も消極的なものである。ただ、固守をするために部分的に逆襲を行う場合もある。

†理解しなかった海軍

攻勢主義を是とする海軍にこうした要塞戦術の考えを飲み込ませるのが難しいと考え、その名称を絶対国防圏とした。ただ、要塞戦術から概念を発展させてはいるが、この絶対国防圏と陸軍の固守防御や要塞戦術はまったく同じものではない。これは各島々で防御を固められた基地をもとに基地網を構築して海軍の艦隊や航空兵力を適時適所に運用して米軍の反攻を撃砕するという構想であった。先に述べたように海軍は三月二五日にその戦略思想を新たにしており、それをベースに考えればこの絶対国防圏の思想は理解されるはずであったが、それでもなお認識を共通にするのには困難があった。本来、これでもって大艦巨砲主義による主力艦同士の艦隊決戦という思想は放棄されるはずであったが、軍令部のトップである永野の発言などをみると、そうした思想から脱却できていなかったのがわかる。

絶対国防圏に関する大本営連絡会議において、永野はマーシャル群島がこの国防圏に含まれてないことに不満をあらわにした。現下の情勢においてソロモン東部方面における米軍の反攻が苛烈であり、マーシャル群島はいささか出張りすぎており、そこに含めなかったという佐藤の説明にも納得しなかった。永野はマーシャル群島が海軍にとって太平洋上の最も重要な戦略的な前進基地であるとし、米太平洋艦隊がもしマーシャルに攻略を仕掛けてきたら、それを失うのは戦略上、決して看過できないとした。そして連合艦隊は断然これに反撃し、一気に雌雄を決するべきものと主張した。

また、連合艦隊は絶対国防圏が決定される九月三〇日、その「第三段作戦要綱」ではあくまでも太平洋前方において決戦を行うとの方針を示しており、それは絶対国防圏の思想とは根本的には異なり矛盾した。陸海軍が御前会議において絶対国防圏を決めてもなお、軍令部とトップの永野自身が絶対国防圏を理解しきれていたとはいえず、その軍令部もまた連合艦隊に対してこの絶対国防圏の考えをどの程度周知徹底をしたかは疑問が残る。結局のところ、絶対国防圏の文言は御前会議で決められ、観念を何となく共有こそしたが、その運用の実態は大きく乖離するものであった。

3　幻となったマリアナ放棄論とフィリピン決戦

†文言共有だけの「絶対国防圏」

絶対国防圏の考えに基づき、大本営はその新作戦方針を陸海軍に対し命令したが、その受け取り方は部隊によって差異が生じた。古賀連合艦隊司令長官、ラバウルの陸軍の今村第八方面軍司令官の受け取り方も異なった。連合艦隊と南東方面艦隊は南東方面を重要視していた。

それは絶対国防圏の一角となり、海軍の一大根拠地であるトラック島の防衛の上でも、南東方面は重要であった。海軍は作戦を行う視点から、米軍が広大な中部太平洋に入ってくるのを許してしまえば、その広大な分だけ捕捉撃滅が難しくなる。ゆえに、南東の狭い海域で決戦を強要することを考えており、この南東方面で強力に作戦をしなければ、絶対国防圏を防備し得ないことも大きな理由であった。また、先に説明したようにこの絶対国防圏という思想自体が、要塞戦術の本防衛線の概念に根拠を求めており、海上において地図上にその線を引くことはできても、そこに永久築城として機能を有する要塞が存在しているわけではなかった（島々に防備が不十分な基地は点在していたが）。

加えて、その線のすべてが日本にとって戦うのに有利な海域や島々などの「地の利」をもっていたわけでもなく、この線の範囲で守れとの考え方に海軍が素直に了解できない部分があった。南方の資源地帯と日本本土の輸送路を維持するためにも、これ以上は撤退することができないという観念上あらわれてくる防衛線と、艦隊や部隊を運用してどこで戦うのが一番有利かという実態から生まれてくる線とは一致していたわけでなく、そうした部分からも海軍は大本営の新作戦方針をストレートに受け入れるのは難しかったのである。

これに対して陸軍では、今村第八方面軍司令官は大本営の方針と意図を理解し、同方面軍の任務は米軍の進攻を阻み、本防衛線での戦いを有利にし、その準備時間を稼ぐための前進陣地としての持久機能を期待されていると考えた。これを可能とするためにも、第八方面軍の各部隊は固守防御に当たるとし、そこからの退却を一切禁じた。

†マーシャルの早期失陥

昭和一九年二月四日までに日本はマーシャル群島の主要部分を失い、同じく一七日までにはトラック島も空襲を受けて甚大な被害を受けた。マーシャル群島への昭和一八年末から米軍の空襲が激しくなり漸次被害を増やし、その航空部隊の戦力強化も思ったように進まなかった。一九年一月下旬の時点では直前に投入した母艦航空部隊の約一〇〇機程度が、当時のマーシャル群島での反撃に用いることのできる戦力であった。そして地上の防御措置もほとんど進まず、基地の抗耐性は無きに等しいなかで、一月三〇日の空襲に続き米軍が上陸してきた。

日本海軍と陸軍の守備隊は数日間壮烈な戦闘を続けるも、四日までにはその戦闘も終結した。トラック島には一七日に米機動部隊が来襲し、陸海軍は防衛に努めるも多勢に無勢のなか、一七、一八日の両日で艦艇九隻沈没、飛行機二七〇機を失うなどの甚大なダメージを受けている。昭和一八年九月三〇日に絶対国防圏を定めるとき、先に述べたように軍令部総長の永野は「日本海軍はマーシャルで雌雄を決する」と威勢のよい発言をしていたが、実際には連合艦隊は出動する暇もなく失陥した。

†マリアナ放棄論と航空要塞思想

大本営が予想もしていなかった早さでマーシャルが失陥すると、今度はマリアナ、カロリンの線がむき出しになる格好となった。マーシャルを失陥した段階ではまだマリアナ、カロリンの防御措置は極めて不十分な状態で、大本営は残っている船舶を徴用し、あるだけの輸送力を用いてここを固めることを検討した。

この状態をみて佐藤軍務局長は統帥部と相談することなく、東條のもとへ赴いて根本的な戦略の転換を具申した。佐藤は、現下の情勢を考えて次のように申し立てた。このような戦い方をやめてマリアナ、カロリンの絶対国防圏を放棄し、一挙にフィリピンへと退き、ここでイチかバチかの最終決戦を実行して戦争を終わらせるべきだと主張した。

半年程度前に御前会議で決定した絶対国防圏ではあるが、これ以上前方の防御を固めるために貴重な輸送船や戦力や資材を使ったところで間に合うものではなく、防御の優先をフィリピン、台湾、沖縄、本土の順で固め、特にフィリピンに全力を投入して決戦準備をする。ただ同時に、マリアナ・カロリンにすでに配置されている守備隊についてはこれを後退させないで死守させ、フィリピンを固める時間を稼ぐ。佐藤はその際にこれまでの敗因については次のような分析をしている。

①陸海軍の指揮が統一せず、その協同がよくできない。元来戦略思想が根本から違うのを、作文で一致させて来ただけなのだから協同できるはずがない。指揮を統一して強力な統制を加えなければ各個撃破ばかりを受ける。

②航空の用法が単線式であった。従来の経験からすると、防御は陸軍式の防御陣地でも役に立たず、海軍の基地や水上戦闘でも役に立たない。航空要塞でなければならぬ。航空要塞とは奇妙な名称であるが、縦深、横広に多数の飛行場を建設し、これが有機的に連絡し、飛行機の集散離合を敏活にできるようにすることである。

③従来は逐次退却をしたため間合いを取ることができず、常に敵に追尾される感があった。

①については、陸海軍指揮の統一については軍令部と参謀本部が統一されるのがベストであるが、現実に海軍が同意することはないので、地区ごとの陸海軍部隊、特に航空戦力の指揮の統一が最低限行わなければならないとした。そして②の航空要塞については一八年くらいから研究されており、参謀本部の真田作戦部長、服部作戦課長の間でも話題になっていた。

この航空要塞という構想に基づけば、第一線の飛行場には哨戒機だけを配備し、戦闘機・攻撃機などの主力部隊はその縦深横広に設けられた数多の飛行場に分散して配備する。そして米軍が上陸前に行う空襲に対しては、こちらが相当程度に有利と判断できる以外は応戦しない。その戦力を温存し、米軍主力の上陸の際にその上陸点の上空に集結させて制空権を確保して守備隊の反撃を支援する。

この際に戦機を摑むことができれば、米軍の輸送船、空母などにも攻撃を加えるのも考慮するというものだった。

†フィリピン決戦思想と東條

これによればマリアナ、カロリンの線はまったく不適当であり、肝心要の飛行場を縦深横広に保有することもできない。実際、マリアナ、カロリンには一列にわずか七つの飛行場があるのみだった。このような状態ではとても航空要塞的戦闘はできないが、フィリピンには多くの島がある。それぞれの島に飛行基地をつくり、航空機を有機的に連携させる。さまざまな角度からアプローチし、米軍を迎え撃つわけであるから、米軍が数で押してきてもそう簡単には負けない。

このような思想に基づき、フィリピンでの一大決戦を挑むしかない。しかしこの案には二つ、大きな不利益があった。マリアナ、カロリンの絶対国防圏を放棄すれば、南方からの資源を見込めなくなる。加えてマリアナを失い、米軍がこれを確保すれば、北海道北部を除く日本列島のほとんどの領域が戦略爆撃機B－29の爆撃圏内に入ることになる。したがって、ここでいちかばちかの決戦をした後には講和を望むしかなく、しかも条件などには固執せず、降伏ではないかたちで辛うじて名誉が保てる講和であればそれ以上のものは要求しない。ただ、この決戦の成果をもってしても米国が和平に応じなければ、本土決戦の覚悟を決めて最後まで抗戦する。

佐藤は東條に対してこうした構想を述べた。東條は言葉こそ明確にはしなかったが、佐藤の進言に対して決して否定的ではなかったという。東條は昭和一九年二月に参謀総長の杉山を解任し、内閣総理大臣と陸軍大臣、陸軍参謀総長の職を兼任して軍令部総長の永野も更迭する。佐藤はその報を聞き、東條がマリアナ・カロリン防衛に固執する統帥部を黙らせ、フィリピンで一大決戦を挑むのではないかと期待した。

しかし東條は杉山を更迭はしたものの、結局はマリアナ・カロリンで決戦を挑む方向を変えることはできなかった。マーシャルが落ちたのは昭和一九年二月、絶対国防圏の要衝マリアナの中核サイパンに米軍が上陸するのは六月一五日で四カ月程度しかない。十分な護衛もなく、輸送船を積極的に派遣したが、その多くは沈められてしまった。そのためマリアナには大きな戦力を配備できず失陥した。

†『孫子』守備と攻撃の関係

本章の冒頭で、『孫子』が攻撃と防御（守備）では防御（守備）に重心をおいた考え方をしていると述べた。そして、長らく世の中で一般的に受け入れられていた『魏武注孫子』の「守るは則ち足らざればなり。攻むるは則ち余りあればなり」（戦力が劣勢だから、守備にまわり、戦力が優勢だから、攻撃する）といういかにもわかりやすいシンプルなことが本意ではないとした。『竹簡孫子』の「守らば則ち余り有りて、攻むれば則ち足らず」（守備なる形式を取れば、戦力に余裕があり、攻撃なる形式を取れば、戦力が不足する）が、孫武のオリジナルの発想に近いと本書では考える。そして防御（守備）をもって敵の戦力を十分に損耗させ、時機をみて攻撃・攻勢へと転移して敵を撃破・撃滅するためにも、不敗の態勢をつくるのが重要であるとした。

「故に、善く戦う者は、不敗の地に立ちて、敵の敗を失わざるなり」（軍形篇）

〈訳＝したがって名将は、不敗の態勢を確立して、敵が敗北する戦機を逸することがない〉

†**『戦争論』攻撃と防御の関係**

なおこの攻撃と防御の関係について、『戦争論』では第六篇防御・第一章攻撃と防御の箇所で、

「防御は保持という消極的目的を有するが、これに反して攻撃は攻略という積極的目的を有する。そしてこの目的を達成するためには、攻撃は進んでさまざまな戦争手段を使用せねばならないから、従ってまた防御よりも遥かに大なる戦力を消費するわけである。すると防御と攻撃との関係を正確に表現しようとするならば、防御という戦争形式はそれ自体としては攻撃という戦争形式よりも強力である、と言わねばならない」（『戦争論』中、篠田英雄訳、岩波文庫、二七〇頁、傍点原文）

孫武と同様にクラウゼヴィッツは、防御という形式についての考え方を持っていたといえる。ただし、クラウゼヴィッツは次のようにも述べている。

「防御は攻撃よりも強力な戦争形式であるが、しかし、消極的目的をもつにすぎないから、我が方が強力であって、積極的目的を立てるに十分であれば、直ちにかかる形式を捨てねばならないことは言うまでもない」(同前)

としている。この考え方は、『魏武注孫子』の「守るは則ち足らざればなり。攻むるは則ち余りあればなり」(戦力が劣勢だから、守備にまわり、戦力が優勢だから、攻撃する)に近いともいえる。

なお、孫武は防御を重視するが、一方で攻撃・攻勢を決して軽んじたわけではない。『孫子』全般には本来、短期間に大軍を動員し、敵国に長駆進攻し、敵の主力を一気呵成に撃滅するという思想が強くあるのもまた事実である。それを可能とするために国家レベルの経済や兵站能力に言及し、長駆進攻による戦いが戦争全体をエンドステートに導くかどうか判断しなければならないとしている。

そうすると『孫子』の攻撃と防御についての考え方は二項対立で矛盾をしているように見えなくもないが、孫武の本意としてはどちらが戦力を保全し、自軍の損耗を可能な限り避けられるかを慎重に天秤にかけた上で、攻撃と防御を決心するべきということだろう。

『竹簡孫子』のいう「守らば則ち余り有りて、攻むれば則ち足らず」(守備なる形式を取れば、戦力に余裕があり、攻撃なる形式を取れば、戦力が不足する)とは、いうなれば防御(守備)という形式に重心をおいて武力戦を戦うことである。自軍の戦力は決戦までの間、十分に保全ができるが、いたずらに攻撃・攻勢に出れば早い段階で損耗してしまい、決戦のときにはもはや十分な戦力は残っていない。したがって、防御という形式の有効性を十分に理解して採用するべきだというのが孫武のオリジナルの考え方に近かったと思う。

†決戦即講和の考え

これまでガダルカナル撤退に始まり、中部ソロモン、北部ソロモンの防衛線、絶対国防圏、そして、佐藤が提案したマリアナ放棄論とフィリピンの島々に航空要塞を張り巡らせて、連合艦隊の残存部隊で最後の決戦を挑む考え方などをみてきた。そしてどこで戦うか、何をあきらめるか、何を優先にするか、その価値順位について陸軍・海軍の間で、結局のところ合意を得ることはできなかったのもみた。

ガダルカナル撤退では、大本営の強硬派は「いまさら三万も投入した軍を引けない。ガ島は敵の攻勢意思を挫くために必要である」と主張した。これは日本語としては意味をなしてこそいるが、三万を投入した意地と面子の部分と、ガ島で一度米軍を食い止めることが米軍の攻勢意思を挫くという可能性へと脈絡と論理でつながっておらず、単純に意地を貫くための理由として、希望的観測を述べたものでしかなかった。ようやく撤退が成った後も中部ソロモンは海軍、北部ソロモンは陸軍と、なし崩し的な形でそれぞれが防衛することになった。

その後、絶対国防圏が成立する。これも観念の産物としては陸海軍で共有できたが、陸海軍の用兵思想の違いも大きく、結局のところは現実の産物にはならずに崩壊した。マリアナ・カロリンを放棄して（すでに配置した兵力はそのままにして時間を稼がせて）、ある程度の時間をかけてフィリピンを航空要塞にして可能な限りの戦力を投入し、連合艦隊も糾合して防御の態勢を固め、米軍を迎え撃ち決戦をして講和を目指すという佐藤の案は幻でおわった。『孫子』的な視点からいえば、この佐藤の案は防御の本質を突くもので、大いに研究に値するものと思われる。

†マリアナ沖海戦の経過

ここで、マリアナ沖海戦がどのような経過を辿ることになったかについて簡単に触れておく。先ほども述べたように、米軍は昭和一九年六月一五日にサイパンに上陸した。日本陸軍・海軍は、次はマリアナが焦点となることを理解していたが、海軍は燃料の関係上、マリアナで米軍と決戦するのは具合が悪いと主張し、フィリピンに近い西カロリンのパラオ周辺での戦を希望していた。武力戦は相手がいて初めて成立するものであり、希望したところで相手がどのタイミングで出てくるかはわからなかったが、米軍はマリアナ沖に出てきたため、日本側は燃料不足の折柄、乾坤一擲の決戦に臨んだ。

昭和一七年六月、ミッドウェーで四隻の主力空母を失った後、国力をつぎ込んで海軍は九隻の空母を建造して航空機を搭載した。そして基地航空部隊を約一五〇〇機準備し、充実した戦力をもって「あ号作戦」を計画し、アウトレンジ戦法による攻撃で邀撃することにした。

日本海軍にはこの段階では勝利の可能性を強く信じるムードがあり、東京ではその戦果報告を待っていたが、結局は三隻の空母とおおかたの艦船を失い、航空機はほとんど壊滅的な状況になる負け戦であった。米軍ではこれを「マリアナの七面鳥撃ち」と揶揄《やゆ》した。これにより米軍はマリアナ諸島を完全に掌握し、太平洋の制海権・制空権を手に入れた。そのため、せっかく南方で確保した原油の日本本土への輸送が困難となった。

ちょうどこの頃、ヨーロッパ正面では昭和一九年六〜七月にノルマンディー上陸作戦が成功し、八月には独仏の国境に米軍を中心とする連合軍が迫っている。独では西方総軍司令官ゲルト・フォン・ルントシュテット(一九四四年の連合軍のノルマンディー上陸後、六月三〇日、ヒトラーに「早期講和」を進言し罷免された)以下、数名の将軍がそれぞれ各別にヒトラーに「軍事的な可能性はないから、終戦工作をすべきである」という意見をし、そのために罷免・逮捕・処刑され、あるいは服毒自殺を強要された。独軍の将軍たちは、ヒトラーに講和をすべきとの進言をすれば殺されるリスクをわかっていながら実行した。

一方で日本では、ただの一人も将軍・提督たちにそのような進言をしていない。マリアナは戦略的要衝であり、これを確保していれば絶対国防圏は安泰である。そう主張していた陸海軍の将帥たちも、マリアナが陥落するとフィリピン、沖縄、日本列島防衛の捷号作戦を決定する。これは第三回目の「今後採ルヘキ戦争指導ノ大綱」で出され、日本は先ほど佐藤が進言したフィリピン防衛へと重点を移していくが、連合艦隊主力や多くの航空機、パイロットを失った時点ではすでに遅すぎた。

†技術的敗因

なお、作戦構想以外でも、マリアナ沖海戦で日本が敗れた理由はいくつかある。たとえば、米軍は日本の零式戦闘機に匹敵する能力を持つＦ６Ｆ戦闘機に加えて、水平方向の距離のみならず、高度まで探知できるレーダーを開発した。そして砲弾が目標物に命中しなくとも、一定の近傍範囲内に達すれば起爆させられる近接信管（ＶＴ信管）の採用により、日本軍の航空機は多数撃墜させられた。

これら三つの技術奇襲により敗れたともいわれているが、それに加えて海軍乙事件についても付記しておきたい。昭和一九年三月三一日、連合艦隊参謀長・福留繁中将らが乗った飛行機がフィリピン沖に不時着した。彼らはここでゲリラの捕虜となり、「あ号作戦」のもとになる

「新Z作戦計画」をはじめとする最重要軍事機密文書が入ったカバンを奪われる。機密文書はのちにゲリラから米軍の手に渡った。後に福留らは解放されたが、福留はゲリラに機密文書を奪われたのを認めようとせず、東京の陸軍・海軍はこれを鵜呑みにして「あ号作戦」でマリアナ沖海戦を戦ったのであった。

第六章

レイテ海戦

フィリピン・レイテ島に上陸する連合軍
（1944年10月20日撮影、共同）

1　『孫子』『戦争論』の情報・インテリジェンスの考え方

†『孫子』『戦争論』の違い

本章では『孫子』『戦争論』の情報・インテリジェンスに対する考え方について述べた上で、主にその観点からレイテ海戦を取り上げていく。『孫子』と『戦争論』では情報・インテリジェンスに対する態度が根本的に異なる。『孫子』のインテリジェンスに対する基本的な態度は、大戦略、軍事戦略、作戦戦略、戦術・戦闘の各レベルで収集・分析・見積もりが可能というものだ。その情報を合理的に分析すれば敵の考え方・企図・能力を知ることができ、敵の配置・行動計画もある程度は見積もることができる。したがって、インテリジェンスは味方の軍事行動に一定の判断材料と知見を提供し得る。

『孫子』同様に、現代の軍隊においても情報の収集・分析はいずれのレベルにおいて重要視されている。また、軍隊組織では連隊・大隊・中隊などの戦闘単位の規模でも人事・作戦・総務・兵站という各機能と同様にインテリジェンスは重要視されている。

†『孫子』はヒューミント（人的情報）重視

『孫子』は二五〇〇年以上前の事態様相がベースとなっており、そのインテリジェンス業務の処理・思考過程には時代的制約がある。たとえば、『孫子』は人的情報・ヒューミントなどに焦点を当てており、現代の通信設備を用いた電波情報、偵察衛星を用いた画像情報など複雑な手段を駆使したインテリジェンスには当然触れられない。ただ、そうしたことを割り引いてもなお、『孫子』のインテリジェンス論には学ぶところが多い。

孫武は現在の中国の山東省、当時は「斉」と呼ばれた国に生まれたが、出生について詳しいことはわかってはいない。おそらくは、母国ではさほど名を立てられなかったと思われる。兵法を研鑽し、武人として志をもち行動するなかでいつしか南へ流れていき、呉王・闔閭《こうりよ》と相見え、軍師・将軍としての地位を確保する。司馬遷の『史記』孫子呉起列伝にも出てくる、宮中の女官一八〇人を集合させて二つの部隊を編成し、矛を持たせて隊列をつくり、王の寵姫《ちようき》二人を各隊の隊長に任命し、王の前で「兵」に指揮号令をかけて訓練したエピソードは有名である。孫武はこの一大プレゼンテーションに臨むにあたって、呉王・闔閭周辺のインテリジェンスを徹底的に集めたと思われる。おそらく孫武は事前に呉王・闔閭の人的性格・思考などを綿密に分析し、「賭け」に出たのではないか。『孫子』に次のような言がある。

「凡そ、軍の撃たんと欲する所、城の攻めんと欲する所、人の殺さんと欲する所は、必ず先《ま》ず、其の守将・左右・謁《えつ》者・門者・舎人の姓名を知る。吾が間をして必ず索《もと》めて之を知らしむ」（用間篇）

〔訳＝攻撃したい敵や攻略したい城塞都市、殺害したい人物がある場合には、まず、その陣営の司令官・参謀将校・司令部要員・守衛、そして護衛兵の名前を知らねばならない。したがって、工作員に命じて、この件に関する詳細な情報を得なければならない〕

†孫武が賭けたプレゼンテーション

孫武はこの一八〇人の女官たちに号令通りに動作することを数回にわたり説明した。その上で何度か命令を発しても、ただ笑い転げて動作を実行しなかった女官の隊長役で、闔閭の寵姫でもあった二人を、王の制止を振り切ってまで斬り捨てた。これは決して激情に駆られたわけではなく、孫武一流のインテリジェンスに基づいた行動であったと思われる。孫武はこの場を設けるのに尽力してくれた楚の国からの亡命者で、王の側近となっていた伍子胥《ごししょ》を通じて呉王・闔閭の性格と行動パターンを分析し、どう自分を試してくるか見積もってそれに対応する覚悟を決めていたのではないか。

王の寵姫を斬る行動に出たときに実のところ追いつめられたのは孫武ではなく、闔閭だったともいえる。闔閭にしてみればその場で孫武を斬り捨てるか、あるいは王としての寛容さを見せて登用するかの二者択一しかない。何もしなければ面子を失い、天下の笑い者になって終わってしまう。寵姫を二人斬ったとしても、怜悧な王は自分の軍略の才能を買い登用する公算が高い。孫武はそのようなことを十分に考えたうえで、あのような大胆な行動に出たのではないか。

孫武は伍子胥を通じて闔閭に自分が書いた「兵法書」を、事前に読ませたうえでデモンスレーションに臨んでいる。このように相手のことを徹底的に考えたうえで行動し、インテリジェンスに信頼を置く考え方には、孫武自身の行動規範が色濃く反映されている。孫武はヒューミントを論じる上で、たしかな情報をきちんと自分に提供できるような立ち位置に情報・諜報に従事する者を置き、手厚い待遇で迎えるように述べている。

†『孫子』情報を駆使する態度

「故に、三軍の事は、間より親しきは莫く、賞は間より厚きは莫く、事は間より密なるは莫し」（用間篇）

〔訳＝全軍のなかで、諜報工作員ほど君主や将軍の近くに位置する者はなく、最高の報酬を

受け取る。情報活動に関する問題以上に機密を要するものはない〕

そしていくら良質なインテリジェンスを提供されても、それを扱う側の人間がきちんとした判断力をもっていなければどうしようもないともしている。

「聖智に非ざれば間を用うること能《あた》わず、仁義に非ざれば間を使うこと能わず、微妙に非ざれば間の実を得ること能わず」（用間篇）
〔訳＝深い洞察力と慎重な思慮分別のない者、慈悲と正義を貫く心のない者は、諜報工作員を運用することはできない。また、人心の機微を察する鋭敏で緻密な精神を持たない者は、五間の諜報員たちから真実の情報を引き出すことはできない〕

これがインテリジェンスを提供される側への孫武の提言であり、インテリジェンスをもとにして戦略を駆使するというのが基本構図となる。それを端的に示すのが「故に、上兵は謀を伐つ。其の次は交を伐つ。其の次は兵を伐つ。其の下は城を攻む」（謀攻篇）の言である。武力戦に訴える前の段階でインテリジェンスをもとに謀を駆使し、自分に優位な環境を作為していく。しかしながら現実には、良質なインテリジェンスを常に得るのは決してたやすくはない。

たとえば秘密情報と公開情報という分け方をした場合、公開情報は公開データや公文書というかたちで得ることができる。一説によれば、世界の情報機関の分析対象の八‐九割は公開情報で、残りの一割ほどが秘密情報の獲得にあるともいう。どれほど真実かはわからないが、これだけテクノロジーが発達した現代においても、秘密情報を得るのが依然として容易ではないことは想像できる。

米国のように多くの情報機関を持ち、その予算も潤沢で、最新のテクノロジーを駆使して情報収集していたとしても、それだけでは必ずしも良質なインテリジェンスの獲得を保証するわけではない。収集した情報（インフォメーション）は分析評価されてインテリジェンスに転換されるが、最終段階でジャッジするのは人間が主体となる。結局は人間のアナログの知恵に頼るわけであるから、情報（インフォメーション）を収集・分析し、インテリジェンスに転換する段階では古代に生きた人間が直面したものとさして変わらぬプロセスとなる。そこの難しさはいまも昔もまったく変わらない。

ちなみに今日では一般的にインフォメーションからインテリジェンスになる情報活動は基本的に五過程があるとされ、これはインテリジェンスサイクルとも呼ばれる。これは指揮官などの状況判断に資する情報を適時《タイムリー》に入手し、報告するための過程を示している。適時《タイムリー》という言葉は大きな意味を持つ。指揮官の決断時期に間に合わない情報は、いかに精緻かつ正確なものであってもまったく無価値とされる。

情報の五過程を順に記しておく。まずトップが求める関心に基づき情報要求をする（①要求する）。命令を受けた部下はその要求を満たすようなインフォメーションを収集する（②収集する）。収集してきたインフォメーションを分析処理する（③処理する）。そしてトップの要求をみたすことができるような見積をつくり（④見積もる）、最終的に報告する（⑤報告する）となっている。

なお『孫子』はインテリジェンスの視点で、基礎情報と呼ばれる地図（地形のデータ）や天候、戦闘までの偵察活動についても触れている。先に述べたガダルカナルの戦いについていえば、『失敗の本質』にもあるように、日本軍はガダルカナルについて基礎情報をほとんど収集しておらず、陸軍はまともな地図情報すら持っていなかった。作戦が行われる前の段階で地形などのデータを含むまともな地図などの基礎情報を持たず、作戦の段階でも偵察が行われなかった。これは孫武がいうところを軽視したあまりにも杜撰《ずさん》な例である。

†情報保全とカウンターインテリジェンス

『孫子』はインテリジェンスの保全についても重視しており、次のように述べている。

「能《よ》く士卒の耳目を愚《おろか》にし、之をして知ること無からしむ」（九地篇）

〔訳＝名将は、自己の作戦・戦闘の企図・構想は、部下将兵といえども厳に秘匿しなければならない。これは対情報戦（カウンター・インテリジェンス）の要訣である〕

インテリジェンス・情報は知る必要のある人間だけが知ればよく、それ以外の人間に必要以上のインテリジェンスは決して漏らさない。必要な範囲を越えてそれを知る者がふえれば、逆にオペレーションがうまくいかなくなる。その危険性を『孫子』は懸念する。

「故に、兵を形するの極は、無形に至る。無形ならば、則ち深間も窺うこと能わず、智者も謀ること能わず」（虚実篇）

〔訳＝兵力配備の要訣は、我が軍の企図が――いずれにあるか――明確に判定できない無形の柔軟な戦闘態勢をとることにある。このようにすれば、鋭敏な情報収集力を持った偵察員に対する秘密の漏洩といった事態も発生せず、また、敵の慧敏な指揮官といえども、対応の策を講ずることは至難の業である〕

インテリジェンス・情報保全のため、自軍の展開を敵が察知できないよう作為すべきである。

これは理論としてはわかるが、実践するのは非常に難しい。敵もまた同様の手段を取り、情報保全を試みた場合、それを味方がきちんと見抜けるものだろうか。『孫子』はこの点において矛盾を多少なりとも孕むが、これらは教訓的な意味合いとして受け取ればよいだろう。

また、明確な形、隊形や態勢をあらわにしていても、それだけで敵の企図を見抜くのはそれほどたやすくはない。これは孫武がいう欺瞞に該当するが、偽の行動によって易々と騙されてしまうことは現代でもあり得る。プロフェッショナルな軍隊であれば規模にもよるが、態勢変更は二四時間もあればできるし、小さい部隊であれば数時間でできてしまう。

†『戦争論』のインテリジェンス論

孫武はインテリジェンスに対して楽観的な考え方を持っているが、一方でクラウゼヴィッツはそれとはまったく異なる考え方を持つ。クラウゼヴィッツは武力戦に潜む不確実性・偶然・摩擦といった要素を重視しており、得られ与えられるインテリジェンス・情報は頼りにならないとする。クラウゼヴィッツは次のように述べている。

「戦争で入手される情報は、その多くは互いに矛盾し、より多くの部分は誤っており、また大部分はかなり不確実である。……戦争の混乱のなかで、次から次へと情報が押し寄せてくる状況では、その困難は際限なく大きくなる。……要するに情報の大部分は誤りであり、人間の恐怖心が嘘や虚偽の助長に新たな力を貸す」（『レクラム版』九六頁）

†『孫子』（シミュレーション）に期待したこと

孫武がインテリジェンスに期待を寄せたのは合理性に対する信頼であり、これは「廟算《びょうさん》」という考え方に基づいている。

「夫れ、未だ戦わずして廟算するに、勝つ者は算を得ること多きなり。未だ戦わずして廟算するに、勝たざる者は算を得ること少なきなり。算多きは勝ち、算少なきは勝たず。而るを況《いわ》んや算無きに於てをや。吾れ、此れを以て之を観るに、勝負見《あら》わる」（始計篇）

〔訳＝さて、政府・軍首脳による戦争意思決定会議において、「五事・七計」による客観的総合算定で脅威対象国よりも味方の「力」が優勢であれば、勝利の可能性がある。もしも味方が劣勢であれば、敗北の可能性大で危険である。多重的かつ多方面から、「五事・七計」による客観的な情報判断を行う側は勝利を可能とすることができるが、一面的で主観的な希望的観測に陥る者には、勝利は不可能である。ましてや、この情勢判断をまったく行わない者には勝利の可能性はない。私が戦争時に武力戦の勝敗の結末を予測できるのは、このような情勢判断によって、情況を解明するからである」

ここでは戦略的な次元におけるインテリジェンス判断について述べており、廟算がキーワードとなる。「廟」とは祖廟・御廟との言葉があるように、その祖先（主神）を祀る場所である。古代、中国では個人から国レベルまでその先祖を非常に大事にし、祖廟の前で戦略会議をする。祖廟は国家の中心地点であり、そこで最高レベルの軍人・文官が集い、議論をする。

軍人たちはそこであらゆる私利私欲を捨て、純粋に国家のために開戦の是非、作戦のあり方などを考えることを求められる。ただ彼らも人の子である以上、内心では、自らの利益を得ようとの衝動はある。戦の勝敗にかかわらず安泰の軍人もいれば、敵からより高い地位を約束されている裏切り者もいるかもしれない。さまざまな私利私欲が蠢《うごめ》いているが、祖廟の前に立つことでそれを捨て、戦争の是非や作戦、さらにはエンドステートについても判断する。

†廟算と御前会議

つまり廟算とは私利私欲から身を離し、国家のために戦についてしっかり考えることである。日本軍でいえば陸軍・海軍がそれぞれの立場や省益を超えてひとつになり、開戦の是非やエンドステートについてしっかり考える。大東亜戦争で廟算に相当するのは御前会議であるが、そこでは天皇は基本的にご発言をされないのが慣例になっていた。

廟算としての機能を担うはずの御前会議は、戦略レベルにおいてどう機能していたか。また、そこでは戦争終末構想・腹案、エンドステートをどのくらい考える場となったのか。結局のところ、この問題は『失敗の本質』で取り扱ったそれぞれの戦いの勝敗の帰趨にも直接紐づく格となった。

ただインテリジェンスに基づいて合理的に判断し、適切な作戦計画が立案された場合、有能な指揮官・将軍はそれらを計画通りに実行できるのか。この点において、孫武とクラウゼヴィッツの考え方は異なる。孫武は作戦計画はきちんと実行できるとの考え方を支持し、次のように述べている。

2 『孫子』『戦争論』のインテリジェンスに基づく作戦計画の考え

†『孫子』インテリジェンスに基づく作戦計画と実行

「衆を闘わしむること、寡を闘わしむるが如くなるは、形名、是なり」(勢篇)
(訳=多人数の指揮統率を少人数の指揮統率を行うと同じようにするのは、視覚信号(形)

と聴覚信号〈名〉とによる通信・連絡・指揮系統の確立によるのである」

「孫子曰く、凡そ、衆を治むること寡を治むるが如くなるは、分数、是なり」（勢篇）

〔訳＝多数の将兵への統率も少数の将兵への統率も同じである。要は、組織・編成の問題である〕

「紛々紜々《ふんぷんうんうん》、闘いて乱るるも、乱るべからざるなり。渾々沌々《こんこんとんとん》、形、円《まどか》なるも、敗るべからざるなり」（勢篇）

〔訳＝戦争が乱戦状態に陥ったとしても、「組織・編成〈分数〉と指揮通信機能〈形名〉が確立されていれば乱れることはない。また戦闘が混戦し流動化しても、これ〈分数・形名〉さえしっかりしておけば、敗北することはない〕

これらはいずれも組織・軍隊の指揮・統率方法について述べている。適切なインテリジェンスとそれに基づく作戦があり、軍隊が戦場で行うオペレーションにおいて指揮・統率・通信機能が確保されていれば、大部分はコントロールできる。これが孫武の基本的な考え方である。

これに対してクラウゼヴィッツはまったく対照的な考え方を持っており、次のように述べている。

†『戦争論』情報不完全とコントロール不可能性

「人間の活動において、戦争ほど不断に、また一般的に偶然と接触することはない。その一方で、偶然の要素が加わると、あいまいさが増大し、幸運の戦争に占める地位が大きくなる」(『レクラム版』四〇頁)

「相互作用がその性質上、およそ計画的であることを阻害する傾向を持っていることである」(『レクラム版』一二三頁)

戦場における戦況は指揮官が随意にコントロールできるものではなく、武力戦は計画通りに進むものではない。直観に基づいて戦況の本質を読み取り、それを瞬時に作戦戦闘指導に活かすことができる者が軍事的天才である。クラウゼヴィッツはこのようなスタンスを取っているが、直観というのは必ずしも合理的なものだけではない。この点は孫武とクラウゼヴィッツの大きな違いでもある。孫武とクラウゼヴィッツの情報・インテリジェンスについての考え方は対立しているが、クラウゼヴィッツは戦場で情報が頼りにならないとき、何を頼りにすべきかについて次のように述べている。

「指揮官は、岩のように確固として立つことによってのみ、真の均衡を保ち得るであろう」
(『レクラム版』九七頁)

そして、すべての情報は不確実であるとしてクラウゼヴィッツは次のように述べている。

「最後に、戦争においてはすべての情報がきわめて不確実であり、このため独特な困難さを伴う。なぜならば、すべての行動はいわばまったくの微光の中で行われ、霧や月明かりが物体を過大に、また異様に見せるようなことはいつも起こりがちである。
微光のために完全な認識が得られないとすれば、才能によって推測し、あるいは幸運に委ねざるを得ない。したがって、客観的な知識が不足している場合に頼らねばならないのは、またしても才能であり、あるいは偶然の恩恵である」(『レクラム版』一二四頁)

孫武が生きていた時代のインテリジェンスは、ヒューミントが主体で収集されたもので最高指導者である「君」や「主」がみずから報告を受ける。それに基づき意思決定を行うことができ、これをもとに合理的に立てた作戦計画は戦況をコントロールできると考えるのに対して、くり返すが、クラウゼヴィッツはインテリジェンス・情報は頼りにならないとの考え方である。ただ、孫武とクラウゼヴィッツでは情報を分析するうえでの立ち位置が異なるのを付言しておく。孫武が情報について、戦略レベルから戦術レベルまで多次元・広範に論じているのに対して、クラウゼヴィッツは現場レベル（戦術レベル）のインテリジェンス・情報についてのみ論じている。したがってクラウゼヴィッツは必ずしも、戦略レベルにおける情報の価値までを否定しているわけではない。

†『戦争論』の代表的考えの「摩擦」

戦争や戦場における「摩擦」の概念は、クラウゼヴィッツの理論における大きな特徴である。計画や情報収集を難しくする摩擦が存在し、作戦を綿密に計画・実行していくのがいかに至難な業であるか、彼は体験的に熟知していた。クラウゼヴィッツが情報を重視しなかった理由はそこにあるといっていい。『戦争論』では摩擦について、次のようなことを述べている。

「戦争においては、すべてが大変に単純であるが、もっとも単純なことが困難なのである。これらの困難が積み重なると、戦争を経験していない人は誰も正しく想像できない摩擦が引き起こされる。……計画の際に考慮に入れることのできない無数の小さな事情の影響によって、すべてが見積もりを下まわり、所定の目標のはるか手前までしか達しない。……摩擦は、現実の戦争と計画上の戦争との相違にかなり適合する唯一の概念である」(『レクラム版』九八頁)

これはクラウゼヴィッツの代表的な言である。彼は「情報は当てにはならないが、インテリジェンスを埋め合わせるために何に頼るべきか」と問われたならば、先ほど述べた軍事的天才に伴う直観力、軍隊の物理的な強さ、戦争術(兵法)自体の三つがしっかりしていれば、インテリジェンスの不足は十分に補えるとの考えをもっていた。孫武とクラウゼヴィッツの情報・インテリジェンスに関する立ち位置はかなり異なるが、これらの両方を踏まえ、インテリジェンスの立ち位置でレイテ海戦を考えてみたい。

3 「レイテ海戦」とインテリジェンス

†ある種の無力感

『失敗の本質』ではレイテ海戦について、その章の冒頭で「〝日本的〟精緻をこらしたきわめて独創的な作戦計画のもとに実施されたが、参加部隊（艦隊）が、その任務を十分把握しないまま作戦に突入し、統一指揮不在のもとに作戦は失敗に帰した。レイテの敗戦は、いわば自己認識の失敗であった」としている。そしてそのアナリシスにおいて「作戦目的・任務の錯誤、戦略的不適応、情報・通信システムの不備、高度の平凡性の欠如」という四点をあげている。

本章では、『失敗の本質』にはない視点を補助線として提示したい。

前章ではマリアナ沖海戦について述べた。そして昭和一九年二月の段階でマリアナで決戦するのではなく、フィリピンまで一気にさがり、十分な準備と間合いをとって決戦をする構想が存在したことを述べた。

日本軍はマリアナ沖海戦に敗れた後になってフィリピンで戦うが、マリアナで敗北した事実が作戦戦略を考える統帥部においてどれほど精神的なダメージとなり、合理性を奪っていたのであろうか。『失敗の本質』では戦いの事例ごとに分析しているため、大東亜戦争をトータルで見たときの戦勢の変化や、負け戦の積み重ねが現場レベルの指揮官・幕僚から一番上の統帥部に至るまでその士気・判断力・合理的思考力にどう影響したかの分析に踏み込みきれなかった。

これはなかなか数値化できないので科学的分析が難しいが、マリアナで負けて以降、ある種の無力感が日本の軍人たちに重くのしかかっていたのではないか。これをある程度前提として考えなければレイテ海戦の本質は見えてこないし、情報・判断の誤りの根源的なところもわからない。

†米国大統領の「統帥」とレイテ攻略構想

当時、米国にはハワイ、ミッドウェー島、あるいはマーシャル諸島方向からやってくる太平洋艦隊司令長官ニミッツと、豪州を根拠としてニューギニア、パラオ、フィリピン、台湾、沖縄、南九州を目指すマッカーサーがおり、両者とも譲らなかった。日本陸海軍のみならず、米国の陸海軍でも用兵思想はそれぞれ異なり、ときに調整を難しくしたが、米国には大統領という実質的な統帥権保持者がおり、これが合衆国の最高意思決定者として裁断を下すことになっていた。

まず侵攻ルートとしては、マッカーサーに「アイ・シャル・リターン（I shall return)」の約束を果たさせるため、フィリピン侵攻を認める。そしてニミッツには、東方から太平洋艦隊でマッカーサーのフィリピン侵攻を助ける役割を与えた。米国ではこのようにして、陸海軍が統合により戦略的ベクトルを一本に集約できた。日本では天皇が名目的に統帥権保持者であったが、慣習としてその権限を自ら行使されなかったため、陸海軍の統合機能を果たすべき機関も、実質的かつ統合的な最高の統帥権輔翼《ほよく》（補佐）者も存在しない状態であった。したがって陸海軍がそれぞれ別個に作戦計画を立て、米国のような統合（joint）という戦略機能は敗戦に至るまでついに生まれなかった。

†当たった日本軍の見積もり

一方の日本軍は新たな決戦に備え、まずはどこで戦いが成立するかを分析し、捷号作戦がつくられた。米軍はおそらくフィリピンに来る。フィリピンはもともと米国の植民地であり、政戦略上の価値からすれば日本本土より先にフィリピンに来る可能性が高い。そのため、日本と南方領域の連絡を遮断するためにもフィリピンに来ると判断した。これについては適切に情報収集し、冷静な判断をしていた。

そしてこれに対する新たな作戦として、統帥部はようやく米国の出方をしっかり考えたうえで、無駄に航空戦力を消耗しない戦い方の選択を考えた。米国の上陸作戦ではまず航空母艦を押し出し、その航空部隊で日本の基地を攻撃させ制空権を取る。制空権を取ったら第二段階に移り、今度は戦艦で艦砲射撃を行って日本軍の陣地を徹底的につぶし、最後の段階で上陸部隊を輸送船で運んでくる。

†日本軍の変化した戦法

日本軍は何度も戦闘を重ねていくなかで米軍の上陸作戦のパターンを学んでいくが、米空母を邀撃（迎撃）する戦闘だけでほとんどの戦力を消耗してしまう。こんな戦い方をしていてはもたないから、上陸侵攻してくる兵団が来るまで待ち、これを叩き潰す機会までは航空兵力を温存する。日本軍はようやく作戦・戦法を変え、これがひとつの航空運用の方法となった。

サイパン島の戦いのとき、陸軍は基本的には水際（ビーチ・浜辺）に陣地を構えていた。そこで上陸してきた米軍と戦うつもりであったが、結果的には艦砲射撃で陣地がすべてつぶされてしまった。そこで戦い方を変え、抵抗線をもっと下げることにした。いままで通り水際にも陣地をつくるが、なおかつ後ろに下がったところに主抵抗陣地をつくる。その後ろにも予備の主抵抗陣地、さらにその後ろにはひたすら持久するだけの陣地を十重二十重につくる。こうした戦い方に変えていくことにした。

†かき集められた戦闘機

七月九日にサイパンが陥落した後、大本営は、一八日-二〇日の間に今後いかに決戦するかを考え、七月二四日に「陸海軍爾後ノ作戦指導大綱」を出す。海軍は一三〇〇機、陸軍は一七〇〇機の合計三〇〇〇機を何とか集めることができた（それでも米軍兵力の三分の一程度に過ぎなかった）。

編成上はこれだけの数を揃えることができたが、マリアナ沖海戦で航空母艦から発着できるパイロットはすでにほぼ壊滅しており、残っている者たちは技量が非常に未熟であった。決戦に臨むにあたり、陸軍航空隊は輸送船を沈める方向にシフトしたが、海軍は相変わらず攻撃目標を空母とすることに固執し、そこで意見の一致が見られない状態がしばらく続いた。

米軍がフィリピンを奪回するためには、その核心的な要域であるルソン島を攻略しなければならない。したがって日本は当初、ルソン島での決戦を考えた。フィリピンにはミンダナオやセブなど七〇〇〇以上の島があるが、米軍がルソン島を攻略するためにはその南方の島々のどこかに足場を築かねばならない。そこで有力視されたのがレイテ島であった。陸軍・海軍で話し合い、他の諸島への来攻には海空戦力のみで対応することに合意し、陸軍はルソン島のみで決戦する態勢を整えた。

†空母から輸送船へ目標切り替え

捷一号作戦（比島決戦）の頃には、内閣は小磯國昭内閣へと替わっていた。連合艦隊の主力は潰滅的状態に陥っていたが、空母部隊と基地航空部隊を可能な限り再建した。小沢艦隊（四隻の空母を基幹とする機動部隊）がおとり部隊となり、ウィリアム・ハルゼーの約一五隻の空母部隊を牽制抑留する。ハルゼーの空母部隊を牽制抑留している間に、残存の邀撃部隊で米艦隊を撃破する。仮に米軍がレイテに上陸するのであれば、攻撃目標を輸送船団に絞ってこれを撃破する。

海軍の連合艦隊と軍令部はたまたま意見が一致したが、フィリピンを失えば南方との連絡は遮断され、日本に物資が送れなくなる。当時、大和や武蔵はまだあったが、これらが残存していたとしても宝の持ち腐れで何にもならないと考えた。これらをつぶしてでも（それだけ兵員を死傷させるということだが）、上陸してくる米軍の輸送船団を撃破することにした。日露戦争以降、日本海軍としては初めて、戦闘艦艇でない目標を作戦の基本方針とすることになったが、表向きはともかくとして、これも大きな問題を孕んでいた。

従来、軍令部は「艦隊決戦」を主体とし、連合艦隊は山本長官が主唱する「航空決戦」を主体とする。山本が昭和一八年四月一八日に戦死した後、司令長官になった豊田《とよだ》副武《そえむ》司令長官と軍令部は比較的にうまくやっていた。しかし艦隊決戦の本家本元である海軍が敵艦隊主力を攻撃するのではなく、フィリピン確保のために米国の輸送船団を撃破する任務に集約するとの結論に至ったため、海軍の提督たちは大騒ぎになった。

「とんでもないことだ。輸送船ごときと刺し違えるなんていうのは、海軍軍人としてできない。

あくまで敵艦隊主力を目標にすべきである」というのが当時の彼らの心境であっただろう。

†台湾沖航空戦の「大戦果」

レイテ海戦に先立ち九月にダバオ誤報事件、一〇月一二〜一六日に有名な台湾沖航空戦などが起きた。特に台湾沖航空戦では、米軍が二七〇〇機の大空襲で台湾に襲いかかり、日本側は決戦に備えて温存していた飛行機五五〇 - 六〇〇機を喪失した。これだけの飛行機を失ったが、台湾沖航空決戦では日本軍はレーダーを備えた精鋭部隊なども投入して航空総攻撃を行っており、米軍に対して大きな戦果をあげたと一時的に考えた。

日本軍は米軍の空母一一隻、戦艦二隻、巡洋艦三隻、巡洋艦または駆逐艦一隻を撃沈し、さらに空母八隻、戦艦二隻、巡洋艦四隻、巡洋艦または駆逐艦一隻、艦種不詳二隻を撃破したと報じた。ここで日本軍が撃沈・撃破したと報じられた米軍の空母の数は、米国が当時保有していた空母の数に匹敵する。現実にこれだけの数の空母を沈めていたら、その時点で米軍の太平洋上の戦力は一掃されたことになり、戦争はそこで講和に持ち込めたであろう。しかし実際には米軍艦艇で撃沈されたものは一隻もなく、損害空母一、軽巡二、駆逐艦二隻の計五隻のみであった。

†誤報を通知しない海軍

日本軍は戦果確認のための偵察部隊の編成装備の余裕が乏しく、戦闘機のパイロットに対する戦果確認教育が不足していたため、台湾沖航空戦の大戦果の誤報が起きたといわれる。米国は攻撃部隊のほかに必ず戦果確認部隊を置くが、日本は攻撃部隊の情報を報告と見なす。ようやく飛行機を操縦できるというぐらいの未熟なパイロットが、自分の落とした爆弾で火柱が上がると「敵空母撃沈」と報告したため、軍事常識的には考えられないような過大な戦果となってしまった。

さすがに海軍中枢もこれに疑問を抱いて通信情報と突き合わせ、さらには一〇月一六日の偵察で撃沈・撃破したはずの米国の空母が実際に動いているのを確認し、この大戦果が誤報であると気づいた。しかし海軍は一〇月二〇日の陸海軍合同会議においても、陸軍にこのインテリジェンスが誤報であることを通知しなかった。陸軍の参謀本部は大戦果の水増しの報告を信用し、有頂天となった。陸海軍は、もともと比島防衛は重要でその鍵はルソン島防衛であるとの結論に至っていた。だが米軍の機動部隊が沈められたにもかかわらず、引き続きレイテ島に上陸する企図があるとすれば、それは明らかに米側の過失である。空母群の支援なしに米軍がレイテ島に上陸してくるのであれば、ルソン決戦からレイテ決戦へと転換したほうがよいということになった。

そして一個師団（第一六師団）しかいないレイテ島で決戦するため、ルソン島から陸軍の増援部隊を送るが、そのほとんどは潜水艦によって途中で沈められた。さらに台湾から師団を引き抜いてフィリピン防衛を強化しようとし、その後詰として沖縄から重要な第九師団を引き抜いて台湾に転用するなど、失敗を重ねた。

すべての軍人たちがこの情報を真正面から受け入れたわけではないが、なぜこのようなことが情報として信じられてしまったのだろうか。戦果確認教育が不足していたことも原因の一つであるのは間違いないが、マリアナ沖海戦で敗れ、サイパン島の守備隊も短期間で敗れてしまったことなどが統帥部に精神的なダメージとして大きくのしかかり、冷静な判断力を低下させ、合理性などを喪失させていたのではないか。

そのようななかでレイテ海戦が行われた。

†レイテ海戦と栗田艦隊

レイテ海戦のときの日米の戦力比は次のようなものだ。日本は空母四隻を再建したのに対して米国は空母一七隻、特設空母一八隻、日本の戦艦が大和・武蔵を含む九隻であるのに対し、米国は一二隻、重巡洋艦は日本の一三隻に対して米国は一一隻、軽巡洋艦は日本の六隻に対し米国は一五隻、駆逐艦は日本が三四隻であるのに対し米国は一四一隻であった。そして日本の飛行機は一〇〇〇機あったが、海戦直前までに消耗を重ねていった。米国は艦載機が約一〇〇〇機、輸送船は四二〇隻である。レイテ海戦はシブヤン海、スリガオ海峡、エンガノ岬、サマール沖という四つの戦いを総合したもので、一〇月二〇日から二六日までの七日間にわたって行われた。

栗田艦隊は大きな損害を出しながらもレイテ湾近くまで接近することに成功したが、四二〇隻の輸送部隊にのせられた陸上部隊が上陸しようとする目前で謎の反転をして、与えられた任務を遂行しなかった。現在に至るまで、栗田が反転した理由はわかっていない。栗田は一〇月二六日、フィリピンのスリガオ沖から一一三マイルのところに米国の機動部隊がいるという電報が入ったと述べている。それを発信したのは南西方面艦隊司令部ではないかといわれているが、南西方面艦隊司令部の通信記録にはなく、最も受信能力が高いといわれる戦艦大和の通信室もこの電波を受信していない。また、栗田自身が乗っていた旗艦・大淀も受信していない。戦後、その電報を見たことがあるという目撃情報が現れたが、証拠になるものは残っていない。

栗田は敗軍の将は兵を語らずとばかり、反転について死ぬまで明言を避けた。

この電報を目撃したという人たちもいたが、あまりはっきりしたことはわからなかった。しかし電報がなかったとするならば、なぜ栗田は任務として付与されたものを放棄し、反転したのか。ニミッツはたしかに機動部隊を遊弋《ゆうよく》させていたが、輸送船団には第七艦隊を護衛に付けていた。栗田艦隊がレイテ湾に突入したとしても裸の輸送船部隊に直に触接することはできず、まず船団護衛に任ずる第七艦隊を排除しなければ輸送船部隊を撃破できない。したがって栗田艦隊が命令通りレイテ湾に向かったとしても、海軍軍人としての本望である艦隊決戦が具現する可能性は十分にあっただろう。しかし栗田はなぜか幻の機動部隊を求め反転し、何の成果もなくレイテ海戦は終わる。

†『戦争論』の情報不確実性と限界

『失敗の本質』のなかではレイテ海戦について「〝日本的〟精緻をこらしたきわめて独創的な作戦計画」と表現している。クラウゼヴィッツは戦争における不確実性、戦場におけるそれ以上の不確実性といったものがつきまとうなかでは、詳細な作戦計画を実際に遂行するのは極めて困難であるとし、そうしたものにほとんど信頼を置かなかった。

「実戦にあっては、情報の不完全さ、恐るべき惨事、偶発事故などが他のいかなる人間活動におけるよりも大であり、したがって、当然そこには重大事の遺漏も多くならざるを得ない」(『戦争論』下巻、三三〇頁、中公文庫)

「あらゆる情報や推測の不確実性、また偶然の常続的な混入によって、将軍たちは、戦争において彼が予期していたものと異なる事態に絶えず遭遇する。そして、これは彼の計画に、あるいは少なくともその計画の一部を成す構想に、必ず影響を及ぼすことになる。この影響が既定の企図を決定的に破棄させるほど大きい場合、通常新しい企図が既定のものに取って代わらねばならない。…また新しい企図を展望する時間的余裕はおろか、時には熟慮する時間さえ十分にないからである。…われわれの企図を破棄する程のことはなく、その企図をただ動揺させるにすぎないということがほとんどである。状況に関する知識は増大したが、不確実性はそれによって減少するどころか、むしろ高まる。その理由は、このような経験はすべて一度になされるのではなくて、逐次に得られるからであり、またわれわれの決心はこの新たな経験によって動揺させられ続け、精神はいわば常に武装したままの状態でなければならないからである」(『レクラム版』七〇頁)

そしてクラウゼヴィッツは、信頼できるインテリジェンスの欠如を補うためには物理的な強さ、戦力の集中こそがもっとも重要な要素であるとした。敵軍が圧倒的な戦力を動員してしまえば、どれほど自軍に完璧な情報・インテリジェンスがあったとしても勝ちえない。一方で自軍が圧倒的な戦力をもっていれば、情報・インテリジェンスの欠如があっても、その人的損耗は大きくなるが、勝利をおさめるのは可能と考えていた。

栗田艦隊の錯誤と思い込み

本書ではレイテ海戦の経過についてこれ以上詳述しないが、最後の段階で栗田艦隊が反転した理由についてはさまざまな議論がある。繰り返すが、栗田艦隊は孤立しながらも進んでいき反転、再反転をしながらレイテ島を目指す。そして、レイテ島に突入する直前に敵の主力と思い込んだ幻の米艦隊（護衛空母）へ反転、「追撃」するが捕捉はできなかった。そして「追撃」をあきらめてレイテ島への突入を目指し、あと少しのところで反転して離脱した。

『失敗の本質』では、栗田が最後に反転を決断したときに考えていたであろうことについて、以下の四つのポイントを挙げている。

①基地航空部隊の協力が得られず、また通信不達のため小沢艦隊の牽制効果も明らかでなく、自分たちだけが孤立して戦っている。

②レイテ湾口には米戦艦部隊が栗田艦隊のレイテ突入を予期して邀撃配備をしている。

③レイテ湾に突入したとしても、米国の護衛艦隊や輸送船団は湾外に脱出してカラになって

いるかもしれない。
④北方の近距離にいると見られる敵機動部隊を攻撃して、敵の意表に出られれば有利な戦いができる。

しかしこうした状況判断のほとんどすべては誤った情報、不正確な情報に基づく栗田司令部の想像によっていた。

クラウゼヴィッツがいうように、圧倒的な劣勢のなかで高度な作戦を実行しようとするとき、正しい情報は入ってこないのか。戦場の情報収集には不確実性・偶然・摩擦が影響するため、クラウゼヴィッツのこの論に軍配が上がるのかもしれない。

レイテ海戦を例とした場合、孫武がいう情報活動に対する信頼には疑問符が付くであろうが、その一方で作戦のそもそもの合理性についても考えてみなければならない。孫武は情報に信頼を置いているが、その起点は戦略レベルで合理的に情報を収集・分析し、それに基づいて作戦を立て、戦いが行われる。『失敗の本質』ではレイテ海戦の作戦自体について踏み込んだ価値判断をしていないが、これは改めて考えなければならないだろう。

レイテ海戦が行われる際、海軍軍令部では連合艦隊に死に場所を与えるとの議論が強く飛びかった。そこにいた軍人たちは涙を浮かべながら、次のように訴えたという。本土が取られたら連合艦隊など存在していても張り子の虎で、もはや意味がなくなる。だから連合艦隊の死に場所を与えてほしい。この言葉の裏を返せば、彼らはそもそもこの作戦にまったく勝算を見出していなかったのではないか。ちなみに栗田にしても小沢にしても、そこにいたトップたちは戦後もしっかりと生き残ることができた。

†『孫子』の情報信頼とその前提

孫武は情報に信頼を寄せているが、そこでは合理性が適切に機能しているのが前提となる。『失敗の本質』のアナリシスには「作戦目的・任務の錯誤」とある。敵の水上戦闘部隊を撃破するのか、それとも上陸輸送船部隊を殲滅するのか。レイテ湾に突入することを優先するのか、それとも敵の主力を撃破することを優先するのか。これらの二重目的が問題であったと書かれているが、そもそもこの作戦の価値や勝算を連合艦隊、軍令部の人間がどこまで合理的に信じていたのか。そういった観点で考えてみるのが必要だ。

クラウゼヴィッツがいう直観力にしても、孫武がいう合理性と情報に対する信頼にしても、根本的には理性を前提としている。理性というとややこしく聞こえるかもしれないが、要は常識的にそれを信じられるかどうかである。軍事のオペレーションにおいても、これは根本的な問題である。

そもそもレイテ海戦が行われる前に、日本軍は戦力を大きく損耗している。それを踏まえて事前の段階で作戦の価値、勝ち目の程度について合理性をきちんと機能させて考え、その上でこれは連合艦隊をすり潰してでも実行に値する作戦であるとどこまで信じていたか。

栗田が最終的に反転した理由はわからないが、おそらく最後の最後の段階において、彼は作戦の価値を信じることができなかったのではないか。発信不明の電報で、敵の主力が別のところにいる可能性が高いから反転したというのは、ひとつのエクスキューズに過ぎなかったのだろう。

インテリジェンスの問題についてはさまざまなアプローチが考えられるが、結局のところ、人は信じることができないもののために死ぬことはできない。信じることができない任務や作戦であれば直観力が鈍り、合理性にも鈍りが出てくる。端的にいえば合理性とは目的と手段の関係で、物事を因果関係で見ることである。物事をしっかりと対象化し、主観と客観を分けて考えていく力のことと付言しておく。

これまでレイテ海戦について考察してきたが、情報・インテリジェンスについては孫武とクラウゼヴィッツのどちらに軍配が上がるのか、本書では結論を出せないが、いずれのアプローチも考え方も頷ける。レイテ海戦の現場レベルにおいては情報が錯綜・混乱し、事実を解明できなかった。したがってクラウゼヴィッツの言葉は、レイテ海戦の現場レベルについては的を射ているのかもしれない。

しかしここで作戦戦略レベルに視点を向けてみると、レイテ海戦以前の段階ではそもそも情報の収集・分析、作戦の起案の一連のプロセスで合理性が機能していなかった。さらには、実行する当事者たちもこの作戦自体に懐疑的で、信頼していなかった（死に場所を与えるとの言はその裏返しだろう）。ただ、いずれのアプローチからもレイテ海戦を読み解き、教訓を得る作業は必要である。

第 七 章

沖縄戦と終戦経緯

沖縄の読谷村渡具知海岸に上陸した米陸軍第10軍
（1945年4月1日、米沿岸警備隊撮影、共同）

1　『孫子』『戦争論』の将帥学と沖縄戦の指揮統率

†『失敗の本質』のアナリシス

『失敗の本質』は沖縄戦を論ずる冒頭で「相変わらず作戦目的はあいまいで、米軍の本土上陸を引き延ばすための戦略持久か航空決戦かの間を揺れ動いた。とくに注目されるのは、大本営と沖縄の現地軍にみられた認識のズレや意思の不統一であった」としている。

本章では沖縄戦を取り上げつつ、主に『孫子』『戦争論』が説く将帥学（リーダーシップ論）の観点から進めていきたい。特に司令部でキーパーソンとなった牛島満司令官、長勇《ちょういさむ》参謀長、八原博通《やはらひろみち》高級参謀を取り上げる。彼らはどのような決断をしたか。リーダーシップ論としては何が正しかったのかを考えたい。

†司令官・参謀長・高級参謀の人物像

①「小西郷」と呼ばれた牛島満

牛島は陸軍士官学校の二〇期生で、大変優秀であり恩賜の銀時計で卒業しているが、非常に温厚な人柄で「小西郷」といわれた。実戦においても、昭和一二年一二月の南京攻略のときは第六師団歩兵第三六旅団長として非常に活躍している。その後、陸軍士官学校の校長を務めているときに沖縄の軍司令官に任命された。

②勇猛果敢の長勇

参謀長には牛島よりも八期後輩(二八期)の長勇少将が補職される。長勇は幕僚勤務、情報勤務、指揮官などさまざまな任務に就くが、特に有名なのは昭和一三年の張鼓峰事件のとき、歩兵第七四連隊長として参戦したことである。日本陸軍の『作戦要務令』は攻勢至上主義であるが、唯一「専守防御」という文言が出てくる。戦後の日本における軍事戦略は「専守防衛」であるが、この言葉は日本陸軍・海軍には存在しない。専守防御とはある特定の目的達成のため、ひとつの正面で防御に専心することである。長勇は航空機、戦車部隊など一切の支援を得ることなく、歩兵連隊のみで専守防御を見事に成し遂げた勇猛果敢な指揮官でもあった。

それと同時に大変毀誉褒貶が多く、昭和六年の三月事件・一〇月事件の首謀者でもあり、政治性の強い人物でもあった。ただ参謀長として、牛島満という軍司令官の補佐には誠心誠意尽くしたようである。牛島も長も日本陸軍の伝統的な将軍であった。

③合理主義者の八原博通

高級参謀(作戦主任参謀)として補職されたのが陸軍士官学校第三五期生の八原博通である。

八原は牛島より一五年後輩、長勇より七年後輩で、大変特異な人物であった。士官学校出身の陸軍将校には幼年学校出身と中学校出身がいる。幼年学校出身の者はだいたい一三歳で選抜され、なかでも知力の高い人間は青田買いで陸軍が人材確保し、さらに四年ないし五年の一般の中学を出た者を補充的に士官学校に入れた。八原博通大佐は鳥取県の米子中学、陸軍士官学校を大変優秀な成績で卒業しているが、他の幼年学校出身者と異なのはその英語力である。八原は最年少で入学した陸軍大学校（第四一期）を優等で卒業し、陸軍省に勤務する。そして昭和八年一〇月から昭和一〇年一二月まで陸大優等生の特典として米国に海外留学している。八原は米国陸軍歩兵学校に留学した後、米国の歩兵部隊に隊付きしたため、陸軍のなかでは例外的に米国のことをよく知っていた。

†『孫子』に見る合理主義のリーダーシップ

孫武とクラウゼヴィッツのリーダーシップ論の違いはどこにあるのか。孫武は合理的かつ冷静沈着であることに重きを置き、バランス感覚に優れたリーダー像を理想としている。蛮勇についてては極めて否定的であり、これを戒める意味を込めて次のように述べている。

「将、其の忿《いきどおり》に勝《た》えずして之に蟻附《ぎふ》すれば、士を殺すこと三分の一。而して城の抜けざる

者は、此れ攻の災なり」（謀攻篇）
〔訳＝もしも、軍事的指導者が自制心・忍耐力を欠いて、攻城準備の完成を待ち切れず、城壁に対して蜜蜂が群がるような、総攻撃を命じたならば、城塞都市の攻略はならず、しかも兵士の三分の一は戦死させてしまうこととなるであろう。これこそが、城攻めの弊害である〕

また、次のようにも述べている。

「故に、将に五危あり。必死は殺され、必生は虜にされ、忿速《ふんそく》は侮《あなど》られ、廉潔は辱しめられ、愛民は煩わされる。凡そ、此の五者は、将の過なり。用兵の災なり。軍を覆し将を殺すは、必ず五危を以てす。察せざるべからざるなり」（九変篇）
〔訳＝将軍にとっては、危険をもたらす五つの弱点「五危」がある。向こう見ずで死に物狂いになる将軍は、殺される。死を恐れ、生に執着する将軍は、虜とされるであろう。短気で怒りやすい将軍は、敵の挑発に乗りやすく、主導権を失う。あまりにも清廉潔白な将軍は、辱められると、謀略に陥りやすい。人民や部下将兵に対する同情心に富み、鬼手仏心という大事を理解できず、小を殺して大を生かす道を知らない将軍は、優柔不断に陥りやすく、重要な時機における決断を下せない。この五つの性格的な弱点は、将軍の武力戦指導においては致命的な欠陥となる。軍隊の潰滅と将軍の戦死は、必ずこの五つの弱点から生ずるものである。よくよく理解認識し、自省自戒しておかねばならないことである」

†『戦争論』勇気重視のリーダーシップ

クラウゼヴィッツはリーダーの知力を重視しているが、知力が必ずしも勇気・決断を保証するものではないと言外に仄めかしている。これを端的に表しているのが次の言葉である。

「単なる知性だけではいまだ勇気ではなく、きわめて聡明だがしばしば決断に欠けている人をわれわれは見受ける」(『レクラム版』七一頁)

「決断の存在は、知性のある独特な方向、しかも優れた知性よりも力強い知性によるものであると考える」(『レクラム版』七三頁)

クラウゼヴィッツは知力がダイレクトに勇気や決断につながるわけではないと述べ、最終的には勇気・勇敢に重きを置いている。孫武は蛮勇を否定するが、勇気自体を否定しているわけではない。一方でクラウゼヴィッツは合理性と勇気・勇敢が対立したとき、勇敢が持つ可能性に賭けるというのが基本的なスタンスとなる。

以上のような孫武とクラウゼヴィッツのリーダーシップ論における違いを踏まえたうえで、沖縄戦における長勇参謀長と八原博通高級参謀の対立について考えていく。

†孤立した第三二軍

沖縄戦は昭和二〇年四月一日から六月二三日まで続き、牛島中将以下第三二軍、八万六四〇〇人がそこにいた。日本軍は結果的に六万五〇〇〇人が戦死し、非戦闘員である沖縄県民が一〇万人以上犠牲になった。米軍は一万二二八一人が戦死している。『失敗の本質』では沖縄戦の作戦を次のように評価している。

「敗れたりとはいえ第三二軍は、米軍に対し日本本土への侵攻を慎重にさせ、本土決戦準備のための貴重な時間をかせぐという少なからぬ貢献を果たした」

『失敗の本質』では沖縄戦のアナリシスとして、以下の二つのポイントを挙げている。まず戦が起きる前の段階で、第三二軍と大本営の間できちんと調整が行われていなかった。第三二軍は持久戦略を採るべきなのか、それとも大本営の航空決戦に貢献すべきなのか。『失敗の本質』では大本営、上級部隊が作戦の目的を調整することに積極的ではなく、第三二軍も大本営、上級部隊ときちんと調整しなかったことを問題視している。それはまったくその通りだが、前章でも述べたようにマリアナ沖海戦の敗北以来、そのショックは一番冷静でなければならない大本営に大きくのしかかっていた。ましてやレイテ島で敗れた後、昭和二〇年の沖縄戦へ向かう段階で、大本営は冷静に沖縄の状況をみて、合理的に議論・調整して作戦目的を統一し得るだけの能力を期待し得たであろうか。

†合理性を失っていた統帥部

前章で触れた台湾沖航空戦で日本軍は空母を一一隻沈め、八隻にダメージを与えたと報じられた。これについては当時の大本営所属の情報参謀であった堀栄三などが、この戦果情報は事実ではない可能性が大で、検証の必要ありとして台湾沖航空戦の早い段階で大本営に電報を送っている。堀は出撃の本拠地となった海軍航空隊の鹿屋基地に直接出向き、前線から送られてくる怪しい報告も戦果に書き換えられていく過程を見ていたため、鹿屋基地ではなくわざわざ別の陸軍航空基地である新田原飛行場に戻り、電報を大本営に向けて発信している。

だがこの電報は大本営が受信しているにもかかわらず、握りつぶされた。このあたりのことは『瀬島龍三――参謀の昭和史』（保坂正康著、文春文庫）に詳しいが、堀の暗号電報が解読されて作戦課に回ってきた際に、参謀を務めていた瀬島龍三は血相を変え、手をふるわせながら、「いまになってこんなことを言ってきても仕方がないんだ」と言葉を吐き、この電報を丸めてゴミ箱に捨ててしまったという。優秀といわれた瀬島までもが見たくないものは見ない、信じたいことだけを信じるというムードに覆われていたことを考えれば、他の陸海軍中枢の参謀たちもすでに冷静な判断力や合理性を失っていたのではないだろうか。

軍隊の指揮・命令系統を考えたとき、大本営と第三二軍で作戦目的は統一しておくべきであるが、それができたかどうか。その視点は大切であろう。先に、クラウゼヴィッツが合理性よりもときに勇敢であることを重視したと述べたが、誤解なきように付言しておきたいのは、どれほどの激情に駆られたとしても、理性と知性を冷静に運用できなければリーダーは務まらないということである。

「……情意の激動する瞬間においても知性に従う力、つまりわれわれが自制と名づけるものが、情意そのものの中に存在している……」（『レクラム版』七八頁）

「感情の強固さとは、むしろいかなる強烈な興奮のさなかにあっても、またどれほど強烈な激情の渦のなかにあっても、なおかつ理性に従って行動し得る能力……感情の強固な人間とは、単に感情の激昂し易い者のことではなく、感情が激昂している時でも均衡状態を失わない者、胸中に渦巻く嵐にもかかわらず、常に洞察と信念とを失わない者のことである、と。それは例えて言えば、嵐にもまれる船舶の羅針盤の針のごとく、常にその進路を見失わないようなものでなければならない」(『戦争論』上巻、一〇七〜一一二頁、中公文庫)

†引き抜かれた戦力

牛島満、長勇、八原博通の三人はいかにしてバランスを取り、沖縄防衛戦に臨んだのか。レイテ決戦のために陸軍の戦力がフィリピンに転用され、その玉突き現象で第九師団が沖縄から台湾に転用されたため、昭和一九年一一月三日、その後の沖縄の防衛についての会議が開かれた(レイテ決戦転換に伴う兵力転用の台北会議)。

台北会議に来たのは作戦課長の服部卓四郎である。服部は幼年学校出身で優秀とされ、八原参謀よりも一期先輩である。服部は弁が立つが八原はそうではなく、結局は押し切られてしまうことになった(八原はこの会議へ出発に先立ち、長勇参謀長からあまり多言をするなと釘を刺されていた)。

大本営は昭和一九年一一月一一日、沖縄の第五・六中迫撃砲大隊のフィリピンへの転用を命じ、最後には精鋭一個師団である第九師団を引き抜かれたため、沖縄の戦力はその火力が非常に弱くなった。従来、第三二軍は北・中航空基地を確保するため機動反撃決戦方式を取っていたが、これにより断念せざるを得なくなった。

第三二軍はその後、当初の三分の二の兵力、二・五個師団程度の基幹兵力で防衛をせまられ、八原を中心として作戦計画を変更する。それまでの第三二軍は「有力な一部をもって伊江島及び本部半島を確保、軍主力を以て沖縄本島南半部を陣地占領し、海軍及び航空部隊と協同して、敵戦力の消耗を図り、主力を機動集中して攻勢に転じ、敵を本島南半部において撃破する」とし、こちらから積極的に攻勢に出ていく考え方であった。

だが第九師団が抽出された後は「第三二軍は、一部をもって極力長く伊江島を保持するとともに、主力をもって沖縄本島南部島尻地区を占領し、島尻地区主陣地帯沿岸においては敵の上陸を破摧し、北方主陣地帯陸正面においては戦略持久を策する」とし、攻勢に出ない作戦に転じる。つまり南部島尻を主陣地とする出血持久戦術に転換し、航空基地は主陣地外に置き、防御・妨害に努めるという戦術的大転換を為した。このことを大本営に報告せねばならないが、大本営はすでに本土決戦に照準を合わせており、参謀本部の作戦部作戦課はその準備に大わらわであった。沖縄は捨て石とされ、防衛構想は現地軍に任せきりでほとんど指導もせず、報告も認めなかった。

†空約束におわった増援

大本営は昭和二〇年一月一九日に「帝国陸海軍作戦計画大綱」を策定する。これは初期南方進攻作戦を除き、日本陸海軍が初めて共同でつくった大綱であった。大本営は沖縄のことを捨て置いたが、作戦部長の宮崎周一中将は第九師団転用に伴う後詰の一個師団は送らねばならないと考え、一月二二日に姫路にいた第八四師団の派遣を内示する。しかしその電報を打った直後「もしかすると途中で米国の潜水艦に沈められるかもしれない。これは本土決戦に取っておこう」と考え直し、夕方に再び沖縄に電報を打って内示を取り消す。いったん内示したものを取り消すのは帝国陸軍でも前代未聞のことであり、沖縄の第三二軍司令官以下も衝撃を受けた。しかし牛島は非常に温厚であったため、悔しがる長勇と八原を諫め何とか収めた。

2 沖縄戦のなかで起きた反目と対立

†飛行場奪回命令

四月一日に米軍が沖縄本島に上陸を開始すると、牛島率いる第三二軍は出血持久戦術を取っため、北・中飛行場は瞬く間に米軍に占領される。大本営はこの知らせに驚き、四月三日には航空基地の奪還を命じる。長は伝統的な日本陸軍の将校であるから、「承詔必謹」（詔《みことのり》を承《うけ》ては必ず謹《つつし》め）を主張する。これは聖徳太子の十七条憲法の第三条にある言葉で、命令を受けたならばそれを必ず実行するべきだという意味である。つまり飛行場奪回のために陣地を出て、攻撃に転ずるべきだと主張する。一方で八原は「攻勢反対」の自論を強硬に主張するが、長と同様に牛島も伝統的な日本陸軍の将軍であるため、命令通り攻勢を決断する。

四月八日と一二日、虎の子の第六二師団が夜襲反撃を行った。しかし米軍は過去の一八の島嶼作戦の経験から日本軍は必ず夜間攻撃をやってくると予測し、待ち構えていて艦砲射撃と戦車重火器で撃破したため、日本軍は八原が主張する出血強要の持久作戦を採る以外の選択肢がなくなる。それでも長は「このまま時を過ごせばいずれ沖縄の戦力は命運が尽きる。反撃可能ないま、攻勢に反転すべきである」と主張する。一方で八原は「準備した陣地を出て攻撃をすれば必ず全滅する。持久すべきだ」と主張するが、これについては先例がある。硫黄島で栗林中将は「準備された陣地から出て、伝統的な攻勢を取ってはならない」という厳命を下している。準備された組織的な陣地による組織的な火力で、米軍を迎え撃つ。八原はこの教訓をよく承知しており「攻勢すれば即時に全滅する。したがって持久戦法を採るべきだ」と主張したため、司令部内は混乱する。

†司令部の反目と対立

五月一日、温厚な牛島が珍しく八原を叱責し「長が攻勢を主張しているが、国軍の伝統に従ってやるべきではないか」と意見する。通常、作戦主任参謀が一五期先輩の軍司令官からそのような忠告を受けた場合、そこで盾突くことはまずあり得ない。八原は合理主義一点張りであったから、牛島に対して「お言葉ですが、攻勢は無意味な自殺行為であります」と反論するが、長勇は「八原、戦理の理非曲直を論ずることなく、ここは国軍の伝統に従い攻勢を採ることが、軍司令官のお立場を考えれば必要なのではないか」と情に訴えて説得する。それでもなお八原は反論するが、ついに軍司令官からの命令で五月三〜四日に第三二軍の最後の総攻撃が行われる。そこで戦力を消尽し、沖縄の持久防衛はならなかった。

六月二三日、牛島と長はともに自決する。自決する直前、牛島と長は八原とその他の主要な参謀数名に「お前らはここで自決することなく、必ず祖国に帰って沖縄の戦訓を伝達することを命ずる」と伝える。八原以下数名の参謀は戦線を離脱するが、周囲は米軍に囲まれているため日本に帰ることはできず、米軍の捕虜となった。

八原はこの最中、国軍伝統の攻勢至上主義について「司令部内に再び狂風吹き始めたり、警戒を要す」とメモを残している。国軍伝統の攻勢至上主義とは観念的なもので、戦理的にも合理性はない。過去の一八の島嶼作戦の教訓からもそれは明らかであるのに、なぜ再び観念的な攻勢至上主義に戻るのか。しかしこれがひとたび猛威を振るうと、山本七平がいうところの「空気」を収めることは難しかった。

司令部の最後

なお、八原は捕虜になり戦後復員して『沖縄決戦――高級参謀の手記』(八原博通著、中公文庫)といった手記を残している。牛島、長、八原がどのような議論を意思決定のプロセスでたどったか、克明に記録されている本書は一読に値する。このなかで、牛島、長、八原の指揮統率のあり方や人間性が象徴的に浮かび上がるシーンが出てくる。沖縄戦の最後、司令部として最後の命令を出すときのものだ。

「参謀長は両翼概ね同時に崩れつつあるのを見て、これでよいのだと独言し、満足そうである。軍の統帥が至当に実施された責任感よりする喜びだ。今や一々軍命令を発して、諸隊を指揮するには戦線はあまりにも混乱している。通信連絡もまたこれを許さない。軍司令官は麾下《きか》各部隊に下すべき最後の命令の起案を命ぜられた。作戦命令の数は戦闘開始以来、積もり積もって二大冊となった。長勇がわが子を愛撫するように命令綴を抱擁し、「高級参謀殿、これが最後の軍命令です！　参謀殿自ら起案して下さい」と言う。その声は沈痛で感動に震えている。私は「従来命令の相当部分は貴官に起案してもらった。この最後の命令も貴官に頼むよ」と彼になかば押しつけた。「親愛なる諸子よ。諸子は勇戦敢闘に三か月、すでにその任務を完遂せり。諸子の忠誠勇武は燦として後世を照らさん。今や戦線錯綜し、通信もまた途絶し、予の指揮は不可能となれり。自今諸子は、各々その陣地に拠り、所在上級者の指揮に従い、祖国のため最後まで敢闘せよ。さらばこの命令が最後なり」右命令案を見られた参謀長は例の如く筆に赤インキを浸し、墨痕淋漓《ぼつこんりんり》次の如く加筆された。「……最後まで敢闘し、生きて虜囚の辱めを受くることなく、悠久の大義に生くべし……」軍司令官はいつものように、完全に終始一貫され、黙って署名された。最後の軍命令を下達し終わると、私は一切の重責から解放された安易さに、無限の深谷に落ちて行くような恍惚の快感に領せられてしまった」（『沖縄決戦』四〇六〜四〇七頁）

†『孫子』命令と抗命

さて、当初は持久戦略を採るはずであったが、四月三日以降、大本営は再三にわたって「本土から来る航空決戦のために必要であるから、基地を奪還せよ」と要求した。当初は第三二軍、牛島中将以下全員が一致確立していたはずの持久作戦方針は、さきにみたように大本営が要求した攻勢作戦に出るべきではないかというムードへと変化していく。八原だけは当初の持久作戦を堅持するべきだとし、一方で長は、軍司令官の立場と国軍全般の歴史と伝統を顧みれば、大本営の命令を拒絶することはできないとした。我々には歴史の後知恵があり、作戦の合理性という観点から考えれば八原の主張のほうが正しいと思われるが、孫武に次のような言葉がある。

「君命も受けざる所あり」（九変篇）
〔訳＝将帥には、主権者〈君主〉の命令といえども、〈戦術的な局面においては〉実行する必要がない場合がある〕

「故に、戦いの道必ず勝たば、主、戦うこと無かれと曰《い》うも、必ず戦いて可なり。戦いの道勝たざれば、主、必ず戦えと曰うも、戦うこと無くして可なり」（地形篇）
〔訳＝したがって、現場の第一線部隊指揮官は、戦況が勝利を容易にするのであれば、たとえ君主が攻撃を禁じていたとしても、これを無視して攻撃に出てもよい。反対に、戦況が勝利を容易にするものでない場合は、君主が断然攻撃を行えと命じた場合でも、攻撃をする必要はない〕

孫武はここで、時と場合によっては命令に逆らってもよいと述べている。この場合、後方にいる大本営・上級部隊の中枢幕僚群は沖縄戦の実状、航空作戦の実状を知らない。このような状況においては、君命に逆らうのも許されるのではないか。孫武的な観点から読み解けば、八原は純軍事的な合理性に基づき、持久作戦を固持するというひとつの決断をしたといえる。

しかしながら指揮命令系統は軍の命脈であり、これがなくなってしまえば組織はたちまち崩壊してしまう。八原はたまたま合理的に物事を思考することができ、持久作戦は本土決戦に資すると考えた。レイテ島やサイパン島での日本軍の戦い方を見る限り、もはや航空作戦に頼ることはできない。本土決戦のために持久作戦を採るのは純軍事的に正しく、これこそが国民のためになるであろうと八原は確信していた。八原は戦略的な視点を持っていたため、あえて君命に逆らったという観点で読み解くこともできる。

では一方で、長の決断は間違っていたのか。持久から攻勢に転ずることにより日本軍は二個大隊程度の損耗を被り、早い段階で貴重な戦力を喪失した。我々には歴史の後知恵があるため八原の献策を支持しがちだが、果たして長の参謀長としての主張は誤っていたと指弾できるであろうか。合理性のあるリーダーがいつも必ず正鵠を射るわけではない。少し安易かもしれないが、長勇はクラウゼヴィッツが重視する勇敢さ、八原博通は孫武が重視する軍事的合理性の貫徹を典型的に体現していたともいえる。

†『戦争論』が説く「if」の考え方

沖縄戦についていえば孫武の合理性に軍配が上がるといえるかもしれないが、もし仮に第九師団が抽出されていなかったらどうであったか。この「歴史のif」を論ずることは極めて難しい課題であるが、クラウゼヴィッツは

「可能的な戦闘は、その結果からして現実的なものと見なされるべきである」(『戦争論』上巻、中公文庫、二五四頁)

と述べ、軍事的に意義あることだと主張している。日本の歴史学界においては、「歴史のif」を論ずることはタブーであると聞く。だが軍事学(防衛学)を奉ずる者にとって現実に行われなかったが、その時点で実行することが可能であった有力な作戦・戦闘の策案(選択肢)について真剣かつ真摯な姿勢で分析・研究することは、将来のために教訓を抽出する必要不可欠の組織学習であると確信している。

3 本土決戦構想と終戦経緯

†国民、指揮官と軍隊、政府の逆説的三位一体

クラウゼヴィッツは、有名な逆説的三位一体という論を発展させている。国民（始原的な暴力の提供、国民動員と応召義務）、指揮官と軍隊（危機、機会、可能性の創造的マネジメント、作戦の立案と実行）、政府（合理的政策と戦争目的の策定、これらに見込まれるコストとベネフィット、費用対効果からの再検討）の三つを提起し、勝利はこれら三つの要素がそれぞれ自律的に機能するなかで適切な均衡点が確保されたときに可能であるとしている。ここからは戦争の逆説的三位一体という分析ツールを用い、本土決戦構想と終戦経緯について考えていきたい。

「したがって、戦争は、具体的事象ごとにその性質をいくらか変化させるので、本物のカメレオンさながらである。それればかりでなく、戦争はまた、戦争の全体像から見て、戦争における支配的な傾向に関して独特な三位一体をなしている。すなわち、一つには、盲目的な本能とさえ見なし得る憎悪や敵意を伴った本来的な暴力行為、二つには、戦争を一つの自由な

精神活動たらしめる確からしさや偶然性の賭け、そして三つには、戦争が純然たる知性に帰属する政策のための手段であるという従属的性質という三つの要素からなる。この三つのうち第一の側面はより多く国民に向けられ、第二はより多く将軍とその軍隊に向けられ、そして第三は政府に向けられる。戦争において燃え上がる激情は、戦争に先立ってすでに国民のなかに必ず存在しなければならない。多くの偶然を伴う確からしさの領域で、勇気や天才がどれほどの役割を発揮するかは、将軍とその軍隊の特質によっている。しかし、政治目的は、政府のみに属している。まったく異なった法則に従うように見えるこの三つの傾向は、対象とする戦争の本質に深く根ざしており、また同時に異なった大きさを持っている。一つの傾向を考慮に入れなかったり、あるいは三つの傾向の間に勝手な関係を定めようとする理論は、たちまち現実との矛盾に陥り、それだけでもまったく役に立たないように思われるにちがいない。それゆえ、戦争の理論では、この三つの傾向の間にいかに均衡を保つかが課題となる」(『レクラム版』四七頁、傍点原文)

この三つの傾向を念頭におき、本土決戦構想から降伏に至るプロセス、大東亜戦争の終わり方について考えてみたい。なお、このあたりのことについては『聖断——天皇と鈴木貫太郎』(半藤一利著、文藝春秋)を一部参照する。

†鈴木貫太郎の証言

四月一日に米軍が沖縄に上陸してから間もなく、四月七日に小磯國昭内閣が崩壊し、戦時下において最後の内閣である鈴木貫太郎内閣が成立する。鈴木は日本を降伏に導くことになるが、彼は戦後、米調査団に対して次のように述べている。

この戦争がはじまったばかりの時には、日本は防御の役割をやっている限りは、勝つかも知れないと感じていました。しかし、私自身としては、長期戦になるといろいろ不利な状況に落ち込むだろうと思いました。例えば、あなた方(注:米国)は五・五・三の比率のワシントン条約を成立させました。アメリカはこの五対三の比率の海軍を持っているばかりでなく、国土も十倍の広さでした。その上、アメリカと戦うことは、イギリスとも戦うことです。そこで十対三の比率で対抗することになりました。当時、その圧倒的な優勢に対して、日本はとても太刀打ちできないと考えていました。こんなわけで、開戦当初から、ちょっとの間は、うまく運ぶかも知れないが、結局の所は、日本は負けるだろう——というのが海軍的見地での私の観測でありました。

日米両者とも、決定的勝利を得ないで、長期戦になれば、お互いに戦争を止めようという交渉も出来る可能性がないでもないとは考えました。（『聖断――天皇と鈴木貫太郎』一八〇～一八一頁）

これらの発言については後に改めて論じるとし、ここからは終戦に至る経緯を振り返る。沖縄戦が始まる前、昭和二〇年一月一九日に「帝国陸海軍作戦計画大綱」がつくられる。これは梅津美治郎参謀総長と及川古志郎軍令部総長が並列して昭和天皇に対して上奏し、天皇はそれを黙ったまま何事もいわずに決裁している。

そして一月二五日頃から近衛文麿、岡田啓介、米内光政ら重臣たちは徐々に、次のように考えるようになった。いよいよこの戦争に勝ち目はない。国土が決定的に破壊される前に戦争を終結させる。それがせめてもの残された道だ。国土を削られるのは仕方ないが、皇室の安泰が守られるのであればそれでいい。もし仮に天皇が責任を追及されるのであれば、天皇には出家していただく。そういうことも含めて考えなければならない。近衛・岡田・米内は密談でこうしたことを話し合うが、鈴木貫太郎は当時これについては知るよしもなかった。

そして二月三日に有名なヤルタ会談が始まり、一一日にヤルタ協定が出される。これには大日本帝国憲法の改憲やカイロ宣言に基づく日本帝国の分割、日本の全面的占領、軍首脳部を含む戦争責任の処罰など八項目が含まれる。小磯内閣は陸軍から相手にされることなく失墜していくが、木戸幸一や若槻礼次郎、平沼騏一郎、近衛や岡田などは水面下で後任について議論し、鈴木を後釜にすることを決めたうえで重臣会議を開く。天皇は鈴木に「卿に内閣の組閣を命ず」といい、鈴木は固辞するが「もう他に誰もいないから頼む」ということで引き受ける。

†鼓舞するしかなかった総理就任の第一声

映画『日本のいちばん長い日』にも描かれているように鈴木貫太郎はその後、陸軍大臣に阿南惟幾を任命するために陸軍に出向くが、相変わらず強硬な陸軍は戦争目的を完遂すること、陸海軍を一体化すること、本土決戦に資するための政策を躊躇なく実行することを要求する。鈴木が総理大臣に就任したときのラジオでの第一声は以下の通りである。

今は国民一億のすべてが既往の拘泥を一掃して、ことごとく光栄ある国体防衛の御盾たるべきときであります。私はもとより老軀を国民諸君の最前列に埋める覚悟で、国政に当たります。諸君もまた、私の屍を踏みえてたつ勇猛心をもって新たなる戦力を発揚し、ともに宸《しん》襟《きん》を安んじ奉らむことを希求してやみません。(同二二〇頁)

鈴木はここで非常に強硬なポーズを取るが、先ほども述べたように戦後、その真意について述べている。この戦争にはもう勝ち目がないことはわかっていたが、状況的にそれをいうことはできなかった。陸軍の強硬姿勢があるなかで、国民に対してその場ですぐ「和平を受け入れる」とはいえなかった。とはいえ鈴木も組閣当初から和平を受け入れると公言していたわけではなかったともいう。現に木戸内大臣は「鈴木はもう少し戦をすると言っていた」と証言しているし、平沼も「鈴木は最後まできちんと戦い、国民が死ぬことだと言っていた」と話している。

しかし強硬な姿勢はあくまで建前で、戦後、米調査団に「首相就任に際して、あなたはどんな勅命を受けられましたか？」という質問に対して以下のように答えたことが鈴木の本音であろう。

私は天皇からはなんら直接のご命令を受けませんでした。しかし、そのときはっきりと言われたお言葉から、天皇が日本の直面している戦局に深い関心を寄せられ、また戦災のために生命を落とす国民のことや、前線の甚大な損害について、ご心痛になっていることが分かりました。そこで、できる限りすみやかに戦争を終結に導くために、あらゆる努力をすることが、私に寄せられた天皇のご期待であることを了解した次第です。（同二二二頁）

しかし一方で陸軍・統帥部のことを考えたとき、政府としてはバランスを配慮したうえで進めていかねばならない。鈴木はそこで極めて難しい舵取りを迫られた。鈴木はもともと海軍大将であるから、純軍事的な観点から考えてもこの戦に勝ち目がないのはわかっていた。四月八日、政府がいよいよ講和に向けて動き出そうとしていたとき、陸軍統帥部は「本土作戦準備計画」を全軍に出す。

†本土決戦準備と実態

日本陸軍はすみやかに戦備を強化して、米軍必滅の戦略態勢を確立し、米軍の侵寇《しんこう》を本土要域において迎撃する。……戦備の重点を関東地方および九州地方に保持する……（同二三五頁）

当時の日本陸軍の地上戦力を合計すると一六九個師団あり、このほかに独立混成旅団が九九個団あった。一見するとこれは非常に膨大な数だが、一六九個師団のうち一〇二個師団は昭和一九年から二〇年に編成された速成師団（新編師団）であり、全体の六割が新しくつくられたものであった。一六九個師団のうち日本本土に展開していたのは五九個師団で、そのうち一七

％に相当する一〇個師団が昭和一九年につくられ、七六％に相当する四五個師団が昭和二〇年につくられた。つまり五九個師団のうち、三個師団だけがまともに戦える師団であった。関東の防衛を担当する第一二方面軍の銃剣の充足率が三〇％、小銃に至ってはわずか四〇％、弾薬はそれぞれ定量の五％しかなかった。砲門（大砲）の数はあったが、砲弾はゼロに近かった。これが昭和二〇年四月八日における日本陸軍の戦力であった。

†後戻りした用兵思想

また、対上陸作戦教義自体が変遷していくことになったが、その経緯は以下の通りである。これまでもみたように当初は水際配備であったが、サイパン島の敗北からこれはだめだとわかり、後退配備・縦深配備になる。だが本土決戦教令では再び、水際決戦のコンセプトのもとで本土防衛作戦を遂行することになった。米軍の主上陸正面は南九州と関東で、南九州はオリンピック作戦、関東はコロネット作戦である。米軍の計画によれば昭和二〇年の秋がオリンピック、昭和二一年の春がコロネットであった。

最高統帥部はこの本土決戦で米軍に一泡吹かせ、講和のチャンスをつかむと主張した。しかし天皇はこれに疑いを持たれ、侍従武官の吉橋戒三陸軍大佐を現地に派遣した。そして鈴木貫太郎も直々に国内の経済実状の調査を命じ、その任務に当たった迫水久常書記官長は、四月に次のような調査結果を報告する。

鉄鋼の生産計画では昭和二〇年は三〇〇万トンほどですが、一月以降の実績は月平均十万トン足らずですから、計画の三分の一です。飛行機は月産一千機と予定されていたものが半分もできず。しかも原料のアルミニウムがなくなって、九月以降は計画的な生産の見込みが立ちません。石油はまったく底をついており、海軍の艦隊は重油に大豆油を混ぜて使っているのが現状です。」

要するに日本の生産は九月まではどうにかこうにか組織的に運営されるでしょうが、それからさきはまったく見当がつかない……ソ連も兵力をどんどんソ満国境に集めはじめており……。(同二四四頁)

陸軍は依然として強硬な姿勢を示していたが、実際の戦力・経済状態・資源は枯渇していた。四月一二日にはルーズヴェルトが死亡し、四月三〇日にヒトラーが死亡した。そしてルーズヴェルトの死を受けてハリー・S・トルーマンが大統領に就任し、五月八日に日本国民に対して次のような声明を発表する(トルーマン宣言)。「われわれの攻撃は、日本の陸海軍が無条件降伏のもとに、武器を放棄しない限りつづくだろう。日本軍が無条件降伏するということは何を意味するのか……戦争の終結を意味する」。トルーマンはここで、無条件降伏を軍隊に限定することを明らかにしており、そのなかで五月以降、ソ連に仲介を頼むという案が出てくる。なお、六月六日の段階で「今後採ルヘキ戦争指導ノ基本大綱」が採択されているが、ここには抽象的な言葉が並んでいる。

七生尽忠の信念を源力とし、地の利人の和をもって飽くまで戦争を完遂し、もって国体を護持し皇土を保衛し、征戦の目的の達成を期す。(同二六〇頁)

†空文化する言葉

天皇もさまざまな実状を耳にするなかで、これ以上戦争をすることは難しいと認識され、六月二二日に最高戦争指導会議を自ら召集する。これは総理、外相、陸軍大臣、海軍大臣、参謀総長、軍令部総長の六人が天皇を中心にU字型に座り、御前会議に近い形式で行われた。天皇はそこで「戦争指導……戦争終結について、すみやかに具体的研究をとげて、これが実現することを望む」と主張された。

ここで先ほどの沖縄戦は非常に大きな意味を持ってくる。大本営はなぜ、あれほど強硬に航空決戦を主張したのか。大本営の上層部は沖縄上陸作戦の詳細を知らないものの、一刻も早く講和しなければならないことは内心では理解していた。そのためには持久戦という消極的な戦い方ではなく、積極的に攻勢に出てひとつでもよいから米軍に勝ち、有利な講和条件につなげたい。大本営が八原ならびに第三二軍に何度も「積極的に攻勢し、飛行場を奪還せよ」と要求したのは、そのような狙いからであった。

持久作戦では長い時間をかけて相手をじわじわと出血を強いることはできるが、それは勝利ではない。統帥部は講和を有利に進めるため、沖縄戦で勝利を摑《つか》むことに期待をかけていた。しかし沖縄戦が絶望的であることがわかると六月二二日に最高戦争指導会議が開かれ、戦争終結に向けての話し合いが始まる。

そして七月二六日、ポツダム宣言が発される。ポツダム宣言にはもともと天皇の在位を認めるという条案があったが(第一二条)、ポツダム会談が進んでいくなかでその文言は削除された。これについてはさまざまな議論があるが、トルーマンの一存で削除されたといわれている。トルーマンは七月二四日、原爆投下命令書にサインをし、八月三日以降に原爆を落とすことを作戦として決裁している。

†終戦への決断

鈴木貫太郎はポツダム宣言に対してノーコメントという立場であったがこれは「黙殺」と受

け取られ、八月六日に広島に原爆が投下され、八月九日にはソ連が日本に宣戦布告する。八月九日、御前会議で天皇は次のようにご発言する。

空襲は激化しており、これ以上国民を塗炭の苦しみに陥れ、文化を破壊し、世界人類の不幸を招くのは、私の欲していないところである。私の任務は祖先からうけついだ日本という国を子孫につたえることである。今となっては、ひとりでも多くの国民に生き残ってもらって、その人たちに将来ふたたび起《た》ち上がってもらうほか道はない。(同三三二頁)

天皇はここでひとつの決断をしている。そしてこの後、いくつかの摩擦を経て八月一四日に再び御前会議を開く。一二日にサンフランシスコ放送を傍受した結果、アメリカは「最終的に日本国の政府の形態は、日本国民の自由に表明する意思により決定せらるべきものとす」としていることがわかる。軍部はそれだけでは国体の護持はかなわないと強硬に言い張るが、天皇は会議の席で次のようにご発言する。

人民の自由意志によって決定される、というのでも少しも差支えないではないか。たとえ連合国が天皇統治を認めてきても、人民が離反したのではしょうがない。人民の自由意志に

よって決めてもらって少しも差支えないと思う。（同三四九頁）

これにより八月一五日に戦争は終わる。以上が本土決戦から降伏までの一連の流れであるが、本書では孫武の次のような言葉を引用したい。

†『孫子』戦争とは何か

「孫子曰く、兵は国の大事なり。死生の地、存亡の道、察せざるべからざるなり」（始計篇）

〔訳＝戦争、特に武力戦とは、国家にとって回避することのできない重要な課題である。戦争特に武力戦は、国民にとって生死が決せられるところであり、国家にとっては存続するか滅亡するかの岐《わか》れ道である。我々は戦争特に武力戦を徹底的に研究する必要がある〕

「亡国は以て復た存すべからず。死者は以て復た生くべからず。故に明君は之を慎み、良将は之を警《いまし》む。此れ、国を安んじ軍を全うするの道なり」（火攻篇）

〔訳＝一旦滅亡した国家はもう一度再興することはできない。一旦死んだ人間は再び生き返ることはできない。だから聡明な君主は戦争を起こすことを慎重にし、賢明な将軍は戦争を行うことをいましめるのである。これが、国家を安泰にし、軍隊を保全する道である〕

武力戦についてきちんと把握し、それが及ぼすであろう結果について十分に考えたうえで臨むべきだ。孫武はここでそう述べている。なお、大東亜戦争の最終段階においてはGDP（国内総生産）の五〇％近くを費やして戦争を遂行したが、その結果、日本人だけでも民間人を含む三〇〇万人以上が犠牲となり、国富の二五％を失うことになった。また、孫武は次のようにも述べている。

「利に非ざれば動かず、得るに非ざれば用いず、危うきに非ざれば戦わず」（火攻篇）
〔訳＝国家目的の達成に寄与しない武力行使は、行ってはならない。目的実現の可能性のない武力行使は行ってはならない。他に対応の手段方法がない危急存亡のときでなければ、武力行使を行ってはならない〕

では、この戦争の国家としての目的は何であったのか。政府・軍部の指導者たちは明確な戦争目的について十分に考えたのか。政戦略において政治・戦略の双方で調整がされておらず、エンドステートについて十分に話し合わないまま戦争をずるずる続けてしまった。その意味においては、戦争目的について十分に検討しなかった戦争であったが、これを単純に武力戦、戦争は怖いという結論で終わらせるわけにはいかない。孫武の言葉を引用し、総括すれば以上のような結論となるが、軍事学（防衛学）の観点からするとこれでは不十分である。
孫武とクラウゼヴィッツの視点から大東亜戦争について考える場合、彼らの言葉を踏まえたうえで、どのような戦略が結論としてあり得たかを同時に考えねばならない。

†再び『戦争論』の二つの戦争

繰り返すが、クラウゼヴィッツは『戦争論』の方針で次のようなことを述べている。

「それぞれ目的を異にする二通りの戦争の区別をもっとはっきり打ち出したい、そうすれば戦争に関する一切の思想はいっそうはっきりした意義といっそう明確な方向とを得るし、またもっと正確な適用が可能になるだろう。いま二種の戦争と言ったが、その第一は、敵の完全な打倒を目的とする戦争である、なおこの場合に国家としての敵国を政治的に抹殺するか、それとも単に無抵抗ならしめ、従ってまた我が方の欲するままの講和に応ぜざるを得なくするかは問うところではない。――また第二は、敵国の国境付近において敵国土の幾許かを略取しようとする戦争である、なおこの場合に、略取した地域をそのまま永久に領有するか、それとも講和の際の有利な引換え物件とするかは問うところでない。言うまでもなくこれら二種の戦争の間には、種々な中間的段階がある、しかし両者の追求する目的がまったく性質を異にするものであるということは、いかなる場合にも徹底していなければならないし、また両者の相容れない性質を截然と分離せねばならない。ところでこの二通りの戦争のあいだに実際に存するところのかかる根本的差異もさることながら、そのほかにも戦争の考察にとってこれまた実際に必要な観点が明白かつ正確に確立されねばならない。それは——戦争は政治的手段とは異なる手段をもって継続される政治にほかならないということである……」

(『戦争論』上、篠田英雄訳、岩波文庫、一三〜一四頁、傍点原文)

傍線部にあるように、クラウゼヴィッツの「現実に起こりうる戦争」には、後者は第一種の戦争(敵を完全に抹殺する戦争)、第二種の戦争(限定戦争)に分かれると述べている。

ここでもう一度、鈴木貫太郎の米調査団に対する発言を見てみよう。特に冒頭の「この戦争がはじまったばかりのときには、日本は防御の役割をやっている限りは、勝つかも知れないと感じていました」という言葉、最後の「日米両者とも、決定的勝利を得ないで、長期戦になれば、お互いに戦争を止めようという交渉も出来る可能性がないでもないとは考えました」という言葉がキーワードとなる。

†防御重視の「対米戦」

本書の第五章ではマリアナ沖海戦について「守らば則ち余り有りて、攻むれば則ち足らず」(『竹簡孫子』形篇)という孫武の観点から読み解いた。佐藤賢了はマリアナで戦うのではなくフィリピンまで下がり、防御に基づいた戦い方で決戦を挑むという考え方を東條に進言した。これはあくまで本書の意見ではあるが、日本は米国を「本気にさせない戦争」を追求し、米国と第一種の戦争ではなく、第二種の戦争をする方向へとシフトすべきではなかったのか。もちろん戦争自体を回避することができればそれに越したことはないが、それは最善の策であり、次善の策としての戦い方を考える。昭和一八年一月一四〜二三日に行われたカサブランカ会談以降、ヤルタ会談、ポツダム会談でも米英の戦争指導者は日本を政治的に抹殺するという強硬策を採るが、そうさせない戦い方はなかったのか。

特に海軍関係者にはいまでも真珠湾奇襲、ミッドウェー作戦について山本を批判することを許さない空気がいまでもある。山本の名誉のためにいうならば、彼は海軍次官のとき、三国同盟ならびに日米開戦に徹底的に反対していた。だが連合艦隊司令長官に就任した後は、米国の太平洋艦隊を主たる脅威と見なす海軍戦略に視野が狭められ、真珠湾奇襲やミッドウェー作戦といった作戦戦略に執着しすぎた。しかしミッドウェーで敗れたため、短期決戦を追求する方針は失敗に終わった。これらは攻勢主義に基づいているが、結果的に米国を本気にさせてしまったという点において、短期決戦という戦い方は果たして妥当であったのか。

本書としては、山本の戦い方は妥当ではなかったと考える。孫武的な観点からすれば、鈴木貫太郎が述べているように防御の役割を重視するような戦い方はなかったのか。そしてクラゼヴィッツ的な観点からすれば米国に第一種の戦争をさせず、第二種の戦争に持ち込むことはできなかったのか。戦略的な観点からすれば、これは大いに考えるに値する。

†国土・国民・主権の選択

国家は国土・国民・主権という三つの要素から成り立っている。大東亜戦争に関していえば国土・国民・国体という表現になるだろう。大東亜戦争は当初、自存自衛を目的らしきものとして始まっている。自存自衛とは満州事変までに獲得した権益や領土を守ることだが、戦況が悪化するにつれて目的が変化し、最終的には国体を護持できればよいとなった。

先ほども述べたように、昭和二〇年一月の段階で重臣たちはすでに「もはや国土は失っても仕方ない。我々としては国体が護持できればそれでよい」と考えていた。重臣たちの考える国体の護持のために、昭和二〇年になっても凄惨な武力戦が続いた。しかし天皇は最後の段階で「自分自身の立場はどうでもよい。むしろひとりでも多くの国民に生き残ってもらい、その後立ち上がってもらうしかない」とされた。

大東亜戦争の終わりで、国家は何を一番大切にするべきかという問いに対して明確な結論が出されたともいえる瞬間でもあった。そして天皇は自らの立場を国民に託し、この国の国民性に期待して戦争に終止符が打たれた。

現在の自衛隊も国土・国民・主権の三つを守ることを国防の目的としているが、現実の戦いにおいてすべてを守りきるのはあまりに難しいことを知っておかねばならない。

†『戦争論』『孫子』を絡めた「対米戦」構想

孫武は、

「故に、兵は拙速を聞くも、未だ巧の久しきを睹《み》ざるなり」（作戦篇）
〔訳＝したがって武力戦においては、戦果が不十分な勝利であっても速やかに終結に導くこと（拙速）で戦争目的を達成したという話は聞くが、完全勝利を求めて武力戦を長期化させて結果が良かったなどという例は、いまだかつて見たことがないのである〕

とする。つまり、長期戦に拘泥して十分な戦果を得た国はなく、よって長期戦をすべきではないということである。

クラウゼヴィッツの観点からすれば第二種の戦争（限定戦争）に持ち込み、国民に惨禍を限定するような戦い方を追求するべきであったというのも一つの考えだろう（それは期間的には長期になる可能性はあるが）。

ここに戦略の難しさ、ジレンマがあるのかもしれない。大東亜戦争の終戦経緯では、政府の実質的トップであった鈴木貫太郎が統帥部を巧みに「騙す」ことを余儀なくされ、国民に対してもそのような態度を保ちつつ、戦争をどうにか幕引きした。これをみると、クラウゼヴィッツのいう戦争における政府、軍隊、国民の独特の三位一体の間に均衡は存在せず、バラバラであったことは確かである。そして、あまりにも多大な犠牲の上に辛うじて終戦を迎えることができたことに、哀しみと恐ろしさを禁じ得ないのだ。

おわりに――孫武とクラウゼヴィッツを糧にして

†本書のまとめ

本書では『失敗の本質』から「ノモンハン事件」「ミッドウェー作戦」「ガダルカナル作戦」「インパール作戦」「レイテ海戦」「沖縄戦」の戦史を取り上げ、新たな視座として「開戦経緯」（外交と経済）「マリアナ沖海戦」「本土決戦構想（終戦経緯）」を加えて、それぞれ『孫子』『戦争論』の視座から日本軍はどう考えたかを論じてきた。

第一章の「ノモンハン事件」では主に、政治と軍事の関係からアプローチした。辻政信に代表されるように、いかに日本軍が政治を含む政戦略という領域を軽視し、軍事を独立した要素として考える傾向を強く懐胎していたかをみた。

「開戦経緯」では外交と軍事の関係にアプローチした。欧州での独軍の快進撃とフランスの早期降伏、独軍の英国上陸目前という希望的観測・憶測に日本軍は振り回され、「英米可分」「英米不可分」の議論は流転した。そして日独伊三国同盟の成立を容認し、それを都合よく解釈して自らの軍事戦略に織り込んだ。日本軍は外交と軍事が互いに影響を与え合う変数であることを忘れ、外交を軍事にとって都合よく考えて積極的に織り込む一方で、不都合なことは軍事の力でねじ伏せる傾向があったことをみた。

経済と軍事の関係では、日本軍は総力戦を意識して開戦以前の段階で「もし日米が総力戦を行えば」という視座のもので「総力戦研究所」を立ち上げ、中堅将校と中堅官僚にそのシミュレーションをさせた。その結果、「日米正面から戦えば、日本は勝つことはできない」との結論に至った。東條陸相や統帥部の中枢軍人がその報告をじっくりとヒアリングするも、東條は実際の戦いは机上で考えた通りではないと総評をし、その報告は封じられた。また、日本軍は日本の軍事力を過大に評価する一方で、同時に敵のそれを過小に見積もる傾向があったこともみた。

第二章の「ミッドウェー作戦」では、作戦を合理的に見積もるための大前提として軍事戦略と作戦戦略のベクトルの整合性がとれている必要があるが、陸軍と海軍、海軍ではさらに山本五十六が率いる連合艦隊と軍令部とのあいだで持久戦、航空決戦による短期決戦、艦隊決戦による長期決戦などベクトルがバラバラであったのをみた。

さらに、「ミッドウェー作戦」については、戦理の基本である「力」「空間」「時間」の視点からアプローチした。作戦目的は曖昧のままでも、「力」では相対的戦力で優勢に立つこともできたが、日本海軍はその空母を四隻と二隻に分散させるなどして、それをしなかったことをみた。「空間」からは、決戦を企図する場所を日本から遠く離れたミッドウェーに選定し、それが事前に米軍の知るところであったのをみた。「時間」という観点からは作戦戦略レベルで短期戦を追求することと、軍事戦略レベルでは具体的な戦争のエンドステートに具体的にまったく紐づいていなかったのをみた。

第三章の「ガダルカナル作戦」では、ドクトリンと戦術の視点から論じた。米軍（海兵隊）が水陸両用作戦という新たなドクトリンを打ち出したのに対して、日本軍は『統帥綱領』『作戦要務令』の戦術を墨守する傾向が極めて強かった。火力や機動力で優勢な相手に対しても日本軍は攻勢主義を過大に評価し、常に米軍を下回る戦力しか分散投入しかできずに敗北を重ねたことをみた。

第四章の「インパール作戦」では兵站（補給）をあまりにも軽視したことと、日本軍が採用した「攻勢防御」、連合軍が採用した「自己勢力圏からの後退による防勢作戦」という二つの概念を、軍事戦略と作戦戦略にそれぞれ紐づけて考えてみた。劣勢下における「攻勢防御」の考え方は戦理として成立するが、兵站の問題、戦場や作戦地域の地形が将兵に及ぼす影響、戦闘部隊と兵站部隊の進撃速度の違い、戦闘に突入する以前の段階から将兵各個に勇戦敢闘を過度に期待することのリスクをみた。

第五章の「マリアナ沖海戦」では、攻撃と防御（守備）の視点からアプローチした。攻撃と防御（守備）という概念を取り上げて、軍事戦略、作戦戦略の視座で日本軍はこれらをどのような整合性で考えていたかを浮き彫りにさせた。日本陸軍、海軍は根本的に攻撃と防御（守備）といったコンセプトについては同床異夢の状態が続き、最後までそれを調整することができなかった。また軍事戦略、作戦戦略レベルで調整し、マリアナでの決戦を放棄して自らに有利な場所で防御をとり、決戦を挑むとの構想にも触れた。

第六章の「レイテ海戦」ではインテリジェンス・情報の視点からみた。武力戦、戦場でもたらされるインテリジェンスが有効か否かという視座をメインとして、レイテ作戦という精緻な作戦計画をもって起死回生の賭けに出た日本陸軍・海軍の決断をみた。第七章の「沖縄戦」では、作戦指揮のリーダーシップについて合理性・勇敢という二つの視点からみた。第三二軍の司令官、幕僚長、高級参謀の三名が当初の作戦構想と現実の戦いの相克のなかで、指揮統率を合理性に基づき続けるべきか、勇敢の発揮を重視するかで揺らいでいくのをみた。

それとほぼ並行して準備された本土決戦準備（終戦経緯）では、政府、軍などの視点からみた。軍がすでに机上の作戦と現実の軍事力を見極められず、政府もまた何を優先し、戦争を終わらせるかという判断をくだせないなかで、国民は武器も弾薬もないなかで決戦準備に狩り出されていくプロセスをみた。

†軍人として個になれなかった日本軍

『失敗の本質』は主に組織論の視点から読み解いたが、本書では『孫子』『戦争論』の二冊を道標にしていま述べたような流れで再考をしてきた。その結果として感じていることを、改めて手短に述べておきたい。一つは、軍事という専門知に通じた日本軍のプロフェッショナルたちがその領域に特化した思考をする一方で、自分たちが未知もしくは無知の領域については無視する、捨象してしまう、都合よく考えるかという傾向が極めて強かった。言葉を換えれば物事を徹底的論理的に整理すること、そのために知力の限りを尽くして議論をすることを避け、単純化したがる傾向を強く懐胎していた。

そしてもう一つは、これはよくいわれていることだが、陸軍軍人も海軍軍人も自ら所属する組織に対する帰属意識が強く、各組織の部分最適は追求するものの、全体最適を追求することはできなかった。いうなれば陸軍軍人、海軍軍人はそれぞれの母集団への帰属意識を克服し、ただ国を守るだけの丸裸の一武人・一軍人になって思考、行動することが最後までできなかった。

戦略は結局のところ、国家理念、国家目的、大戦略とは何であるかという問いと無縁でいられない。その問いをしない人間には本来、戦略を語る資格はないのかもしれない。そしてそれが理想に過ぎなくとも、追い求める姿勢と切り離して論じることはできないと思っている。

†孫武とクラウゼヴィッツの理想主義と現実主義

『孫子』を著した孫武にしても『戦争論』を著したクラウゼヴィッツにしても、武力戦をいかに行うかを論じる現実主義的な側面と、武力は何のための存在するのか、何のために使われるのかを論じる理想主義的な側面を強くもっており、それは二人の人生の足跡にもみてとれる。

孫武は斉（現在の山東省）で生まれたが南方の呉の国（現在の蘇州）へと行き着いて、呉王・闔閭という、自ら謀略を駆使してその王位を射止めたアクの強い人物に仕えた。呉の女官一八〇人を使って自らの兵法を実演し、闔閭お気に入りの寵姫二人を斬って自らを危険にさらしてまで、孫武はなぜ彼につかえたのだろうか。彼個人に忠誠心を持ったからでもなく、自らの兵法がどのくらい通用するかを証明したかったからでもなかろう。

†個であり続けた孫武の歩み

孫武にはおそらく、自らの兵法により呉を強国にして衰退してゆく周王朝を補翼させ、天下の秩序と安寧を保つ志があったのだろうと思っている。孫武と同時代に生きた孔子が同じくそうした志をもっていたことを考えれば、この想像も決して誇大妄想ではない。孫武の胸には秘めたる国家理念、国家目的、大戦略の理想があり、単に武力戦のエキスパートたることを証明するのが目的ではなかった。

もっとも呉がライバルであった楚の国を打倒した後、孫武の文字は歴史から消えている。呉王を見限って去ったのか、謀殺されたのかは不明だが、孫武は志半ばで挫折する格好になり、その兵書だけが後世に残った。孫武は生粋の武人であり、戦略家であったが、仕えた呉の国では外様的立ち位置であった。だからこそ軍という視点やその面子だけに囚われることなく、大局的に考えることができたのだろう。孫武は次のような有名な言葉を残している。

「故に、進みて名を求めず、退きて罪を避けず、唯民を是れ保ちて、利を主に合わせるものは、国の宝なり」（地形篇）

〔訳＝したがって攻撃や追撃など積極的な方策の提言にあたっては個人的栄誉を求めず、作戦中止や撤退など消極的と思われる方策の提言による解任や処罰の回避を、露ほども念頭に置くことなく、ただただ国民の保護と君主の最高利益のために奉仕することを信念にする将軍は、国の宝である〕

†国家を超えたクラウゼヴィッツ

『戦争論』を著したクラウゼヴィッツもまたプロイセンに名ばかりの貧乏貴族として生まれ、わずか一三歳で少年兵として戦場を経験し、努力を重ねた結果見出され、一五歳で少尉となった。以降、自らの知力と教養を磨くべくカント、フィヒテ、ヘーゲル、レッシング、ゲーテ、シラーなどの哲学、文学で自らを研鑽したことはよく知られている。クラウゼヴィッツは一八〇六年のイエナの戦いでフランス軍に敗北して捕虜となり、その屈辱と反省が彼をして後年『戦争論』を書くことに駆り立てる。だがそこに至るまでの間、彼は母国に戻ってから陸軍のシャルンホルストの片腕として、軍事改革に情熱を傾けることになる。

このときの軍事改革の特徴は、それを軍人だけの独占物とせずに学者、官僚、政治家などを巻き込み、徹底的に議論をつくすということであった。またクラウゼヴィッツの理想や情熱は彼をときに国家という枠組みを超えて行動させた。一八一二年にプロイセンの国王は、勝者であったフランスと軍事同盟を結ぶことになった。このことを潔しとせず、敵国に屈服させられる恥辱が耐えがたく、プロイセン国民としての道義心を持ち出して、プロイセン国王に従うよりもフランスと戦うことを選んだ。そして、フランスと対峙していたロシア軍に身を投じて活躍した。

彼は後に祖国プロイセンに戻るが、この行動は後まで尾を引き、士官学校の校長というポストに一二年間もとどめ置かれる理由となった（校長とはいってもカリキュラム編成の権限はなく、学校の管理運営だけに権限が限られていた）。このことによってクラウゼヴィッツは『戦争論』を書くことになったが、その目的についてはこう述べている。

「すべてを簡潔にし、かつ真髄に触れたい。私はこの第八編で、戦略家や政治家の脳の多くの皺《しわ》にアイロンを当て、少なくとも何が問題なのか、また戦争の際に一体何を考察されねばならないのかを常に明示したいと願っている」（一八二七年起草『戦争論』覚書）

閑職ゆえに、十分に思索する時間はあったはずだ。クラウゼヴィッツは亡くなる直前まで思索と原稿の推敲を続け、『戦争論』自体は未完のまま残されたが、その後、マリー夫人の尽力によって出版された。それは彼が望んだ完成形ではないかもしれないが、今日われわれはそれを読むことができる。

†戦略古典とともに

孫武とクラウゼヴィッツに共通するのはその視野の広さ、思慮の深さであろう。そして、両者とも武人・軍人に留まることなく、その所属や帰属する組織を越えて、国のために丸裸になり自由に考えることができた。また、両者ともに行動していくなかには、ときに自らの危険を顧みることなく君命にすら逆らい、国の枠組みを超えて行動することもあった。

これらの行動は本書でみてきた日本軍の将軍・将校、たとえば第一章で扱った辻政信のような者と共通するだろうか。著者はまったくそうは思わない。孫武、クラウゼヴィッツと本書で扱った日本軍の将軍や将校たちとの間で大きな違いがあるとすれば、前者は徹底的に戦争の本質を問い、自らに都合の良いようなことだけで考えず、理性的かつ現実的に思考し、軍事力や武力戦の限界を認識していたことだと思われる。

しかしここで、付言しておくが、著者は日本軍の第一線部隊の将兵が大東亜戦争のすべての戦場で勇戦敢闘をしたことを決して否定するものではなく、むしろ常に深甚なる敬意を保ち続けている。だが、大東亜戦争が「まともな戦争の仕方」で行われたのかといえば、改めて検証する余地と教訓を学ぶ要素があまりにも多くあり、それにしっかりと取り組むことが、大東亜戦争で犠牲となったすべての人々への手向けになると信じている。

かかる観点からすると『失敗の本質』では、ともすれば軍事の話自体が忌避され問題を直視することがなかったなかで、客観的に個々の問題点を検証することに成功した。一方、これを日本軍の将軍・将校の能力のいかなる能力が足りず何を学ぶべきかはさらなる課題でもあった。

本書にて検討したとおり『孫子』が議論する「何のために戦争がなされるか」、『戦争論』が思索する「戦争とは何か」といった戦争の目的を考察・理解する態度に欠ける限り、同じ悲劇は生じうる危惧をもたざるを得ない。

今回、『孫子』『戦争論』でもって『失敗の本質』に再アプローチすることは、この国の未来のために、大切なことだと信じている。無論、日本が戦争の惨禍をこれから先は経験しないことを切に願っている。「戦わずして勝つ」こそが鉄則であるが、そのためにもいかに「戦って勝つ」かを知り抜き備えておくべきなのだ。そのためには、孫武、クラウゼヴィッツがそうであったように、視野の広さ、思慮の深さをもつよう陶冶しつつ、現実から目を離さず過去を省みることが必要であり、本書がその手掛かりにわずかにでもなればよいと願っている。

あとがき

本書を出版にまでこぎつけて少し安堵したというのが本音だ。私は、戦史の研究に半世紀を費やし、『失敗の本質』『戦略の本質』『国家経営の本質』『知略の本質』という四部作を主導した野中郁次郎先生が主催された共同研究会の末席において、他分野の研究者と共に研鑽する機会を与えていただき大いに啓発された。

『失敗の本質』は、主観的に語られがちであった日本陸・海軍の戦史を経営学の組織論という学問的な研究方法をもって分析・研究したものであるが、より研究を発展させるには、組織論だけではなく、他の学問分野からの分析・研究の必要性を痛感しながら、果たせずにいた。

そうした中、一〇年ほど前、明治大学の公開講座にて、西田氏と巡り会いすぐに意気投合した。以来、杉之尾が戦史、西田氏が軍事古典の視座から共同研究を続けて今日に至る。

西田氏との共同研究の過程において〝戦史的な分野〟からの素材を提供したのは自衛官出身の杉之尾であったが、これに『孫子』やクラウゼヴィッツ『戦争論』などの軍事古典の哲学的・思想的な次元から新たなるスポットライトを照射し、従来の〝物の見方考え方〟に拘束されることなく、自由闊達に分析研究を主動深化させたのは、四〇歳の年齢差がある若い市井の好学者・西田陽一であったことを特筆しておきたい。

（杉之尾宜生）

＊

『失敗の本質』に初めて触れたのは、二〇代半ばの頃、会社の昼休みに虎ノ門の書店で購入したのがきっかけだった。当時は、こうしたアプローチがあるのかと驚きながらも、別の視座から本書にアプローチしたらどうなるかとの思いを持った。ただ、その時は後に共著者である杉之尾氏と知り合って共同研究し本書を出すとはまったく思わなかった。

私は古典教養の一つとして『孫子』『戦争論』を学び始めた。そして、単なる軍事論と捉えられがちな両古典が背景に持つ人物修養としての深さと重さに敬服しつつ今日まで研究を続けている。この国においては、軍事というものがただ物騒なものとして扱われ、社会の片隅にそのまま放置されがちである。だが、そのような戦争の本質に向き合わなかった態度が、大きな犠牲を生んだ事実から目を逸らしてはいけないと考えている。軍事が物騒なものだからこそ、これをコントロールするために、人間の叡智である古典や思想と併せて研究していくのもまた一つの倫理的態度と思っている。

杉之尾氏との偶然の出会いが本書を出すことを可能にしてくれた。この出会いに感謝し、これからもできる限り引き続き研鑽に励みたいと思っている。

（西田陽一）

本書ができ上がるまでには多くの人にご尽力を頂いた。特に一橋大学の野中郁次郎名誉教授、明治大学の藤江昌嗣教授、検証をしてくれた番匠幸一郎氏、市田浩恩氏、そして、筑摩書房の松田健氏、編集者の内田雅子氏、アシスタントの間瀬英梨香氏などには大変にお世話になった。深甚なる感謝を申し上げたい。

著者識

参考文献

戸部良一・寺本義也・鎌田伸一・杉之尾孝生（宜生）・村井友秀・野中郁次郎『失敗の本質――日本軍の組織論的研究』（ダイヤモンド社、一九八四年／中公文庫、一九九一年）
マイケル・I・ハンデル（杉之尾宜生・西田陽一訳）『米陸軍戦略大学校テキスト　孫子とクラウゼヴィッツ』（日経ビジネス人文庫、二〇一七年）
杉之尾宜生編著『［現代語訳］孫子』（日経ビジネス人文庫、二〇一九年）
浅野裕一『孫子』（講談社学術文庫、一九九七年）
C・V・クラウゼヴィッツ（日本クラウゼヴィッツ学会訳）『戦争論』レクラム版（芙蓉書房出版、二〇〇一年）
C・V・クラウゼヴィッツ（篠田英雄訳）『戦争論』（上・下、岩波文庫、一九六八年）
C・V・クラウゼヴィッツ（清水多吉訳）『戦争論』（上・下、中公文庫、二〇〇一年）
井門満明『クラウゼヴィッツ「戦争論」入門』（原書房、一九八二年）
杉之尾宜生『大東亜戦争　敗北の本質』（ちくま新書、二〇一五年）
野中郁次郎『アメリカ海兵隊――非営利型組織の自己革新』（中公新書、一九九五年）
保阪正康『瀬島龍三――参謀の昭和史』（文春文庫、一九九一年）
佐藤賢了『佐藤賢了の証言――対米戦争の原点』（芙蓉書房、一九七六年）
『戦史関係資料集No.4　大東亜戦争の開戦の経緯』（航空自衛隊幹部学校、一九八五年）

森本忠夫『マクロ経営学から見た太平洋戦争』（PHP新書、二〇〇五年）
猪瀬直樹『昭和16年夏の敗戦』（中公文庫、二〇一〇年）
磯部卓男『インパール作戦――その体験と研究』（丸ノ内出版、一九八四年）
半藤一利『遠い島ガダルカナル』（PHP文庫、二〇〇五年）
半藤一利『聖断――昭和天皇と鈴木貫太郎』（PHP文庫、二〇〇六年）
八原博通『沖縄決戦――高級参謀の手記』（中公文庫、二〇一五年）
森松俊夫『総力戦研究所』（白帝社、一九八三年）
土門周平『戦う天皇』（講談社、一九八九年）
大橋武夫解説『統帥綱領』（建帛社、一九七二年）
大橋武夫解説『作戦要務令』（建帛社、一九七六年）
熊谷直『詳解　日本陸軍　作戦要務令』（朝日ソノラマ、一九九五年）
桑田悦、前原透共編『日本の戦争――図解とデータ』（原書房、一九六二年）
服部卓四郎『大東亜戦争全史』（原書房、一九六五年）

ちくま新書
1457

「失敗《しっぱい》の本質《ほんしつ》」と戦略思想《せんりゃくしそう》
——孫子《そんし》・クラウゼヴィッツで読《よ》み解《と》く日本軍《にほんぐん》の敗因《はいいん》

二〇一九年一二月一〇日　第一刷発行

著者　西田陽一（にしだ・よういち）
　　　杉之尾宜生（すぎのお・よしお）

発行者　喜入冬子

発行所　株式会社 筑摩書房
東京都台東区蔵前二-五-三　郵便番号一一一-八七五五
電話番号〇三-五六八七-二六〇一（代表）

装幀者　間村俊一

印刷・製本　株式会社 精興社

Printed in Japan
ISBN978-4-480-07278-8 C0231

ちくま新書

1132
大東亜戦争　敗北の本質
杉之尾宜生
なぜ日本は戦争に敗れたのか。情報・対情報・兵站の軽視、戦略や科学的思考の欠如、組織の制度疲労――多くの敗因を検討し、その奥に潜む失敗の本質を暴き出す。

1127
軍国日本と『孫子』
湯浅邦弘
日本の軍国化が進む中、精神的実践的支柱として利用された『孫子』。なぜ日本は下策とされる長期消耗戦を辿り、敗戦に至ったか？　中国古典に秘められた近代史！

1347
太平洋戦争　日本語諜報戦
――言語官の活躍と試練
武田珂代子
太平洋戦争で活躍した連合国軍の言語官。収容所から集められた日系二世の葛藤、養成の違いに見る米英豪加の各国軍事情……。語学兵の実像と諜報戦の舞台裏。

1136
昭和史講義
――最新研究で見る戦争への道
筒井清忠編
なぜ昭和の日本は戦争へと向かったのか。複雑きわまる戦前期を正確に理解すべく、俗説を排して信頼できる史料に依拠。第一線の歴史家たちによる最新の研究成果。

1194
昭和史講義2
――専門研究者が見る戦争への道
筒井清忠編
なぜ戦前の日本は破綻への道を歩んだのか。その原因をより深く究明すべく、二十名の研究者が最新研究の成果を結集する。好評を博した昭和史講義シリーズ第二弾。

1266
昭和史講義3
――リーダーを通して見る戦争への道
筒井清忠編
昭和のリーダーたちの決断はなぜ戦争へと結びついたのか。近衛文麿、東条英機ら政治家・軍人のキーパーソン15名の生い立ちと行動を、最新研究によって跡づける。

1341
昭和史講義【軍人篇】
筒井清忠編
戦争の責任は誰にあるのか。東条英機、石原莞爾、山本五十六ら、戦争を指導した帝国陸海軍の軍人たちの実像を最新研究をもとに描きなおし、その功罪を検証する。